Ninni Löwgren

Herausgegeben von der
Deutsch-Schwedischen Handelskammer, Stockholm

Der schwedisch-deutsche Businessführer

Ein Handbuch für Manager

Wie Sie sich langfristig erfolgreiche
Geschäftsbeziehungen sichern

Frankfurter Allgemeine Buch

Bibliografische Information der Deutschen Nationalbibliothek
Die Deutsche Nationalbibliothek verzeichnet diese Publikation in der Deutschen Nationalbibliografie; detaillierte bibliografische Daten sind im Internet über http://dnb.d-nb.de abrufbar.

Ninni Löwgren
Herausgegeben von der
Deutsch-Schwedischen Handelskammer, Stockholm

Der schwedisch-deutsche Businessführer

Ein Handbuch für Manager
Wie Sie sich langfristig erfolgreiche Geschäftsbeziehungen sichern

Frankfurter Societäts-Medien GmbH
Frankenallee 71 – 81
60327 Frankfurt am Main
Geschäftsführung: Hans Homrighausen

Frankfurt am Main 2013

ISBN 978-3-89981-306-7

Frankfurter Allgemeine Buch

Umschlag/Satz Anja Desch, F.A.Z.-Institut für Management-, Markt- und Medieninformationen GmbH, 60326 Frankfurt am Main

Titelbilder ©thinkstock

Druck Kösel GmbH & Co. KG, Am Buchweg 1, 87452 Altusried-Krugzell

Printed in Germany

myclimate neutral

Grußwort des Herausgebers

Liebe Leserin, lieber Leser,

die historisch, geographisch und wirtschaftlich engen Verbindungen unserer beiden Länder vermitteln mitunter eine Nähe, als wären Hamburg und Malmö nur durch eine Brücke voneinander getrennt. Auch schafft die Präsenz vieler Marken in unserem Alltag wie Ikea, H&M, Volvo, VW, Bosch oder Miele eine gegenseitige Vertrautheit, als lägen die Unternehmen gleich neben der eigenen Haustür. Deutsche wie Schweden folgen dabei gerne dem Glauben, im anderen Land sei alles gar nicht so viel anders als zu Hause.

Aber spiegeln diese Stereotypen tatsächlich die Wirklichkeit wider oder machen wir uns ein falsches Bild vom jeweils anderen Land? Was passiert, wenn die Hoffnung auf geschäftlichen Erfolg allein damit begründet ist und eine mögliche Enttäuschung finanzielle Konsequenzen hat? Nur ein Beispiel: Ist uns bewusst, wie die Geschäftspartner hüben und drüben angesprochen werden wollen? Überhaupt: Dass sie vielleicht anders als bei uns zu Hause behandelt werden wollen?

Beim Vergleich der schwedischen mit der deutschen Geschäftskultur zeigen sich neben vielen Gemeinsamkeiten auch ganz erhebliche Unterschiede. Sie sind nicht immer greifbar, sondern verstecken sich hinter „typisch" deutschen und „typisch" schwedischen Gepflogenheiten, ungeschriebenen Regeln und einer Reihe von Do's and Don'ts im Geschäftsalltag. Das Wissen über und das Verständnis für die kulturellen Eigenarten des Kunden, Lieferanten und Geschäftspartners erleichtern nicht nur den Schritt über die eigenen Grenzen, sondern öffnen über die Menschen auch die Märkte für das eigene Angebot.

Die Verfasserin dieses Handbuches und die zehn Gastautoren fassen ihre langjährigen praktischen Erfahrungen mit den interkulturellen Stolpersteinen in Worte, erklären und beraten, ermutigen und warnen, geben Tipps und wertvolle Einblicke in eine Geschäftswelt, die bei aller vorgeblichen Ähnlichkeit stets doch ein wenig anders ist, als man zu wissen glaubt. Alle Beiträge geben eine wertvolle Orientierung und damit auch Anlass, stereotype Vorstellungen zu überdenken. Dies ist gerade auch in Schweden ein wichtiger Aspekt für den geschäftlichen Erfolg.

Die Idee zu diesem interkulturellen Handbuch schöpfte die Deutsch-Schwedische Handelskammer als Herausgeber nicht nur aus ihrer langjährigen Arbeit mit engagierten Unternehmern und Managern, die ihre Erfahrungen mit dem jeweils anderen Land und seiner Geschäftskultur mit Ihnen zu teilen bereit waren. Auch realisierte sich das vorliegende Buch im Auftrag der interkulturellen Arbeitsgruppe, die von der bilateralen Regierungskonferenz des deutschen und schwedischen Wirtschaftsministeriums eingesetzt wurde, um Unterschiede und Gemeinsamkeiten im Geschäftsleben in Schweden und Deutschland zu erarbeiten. Die Arbeitsgruppe setzte sich aus Vertretern der deutschen und der schwedischen Botschaft, der Deutsch-Schwedischen Handelskammer in Stockholm, der offiziellen Wirtschaftsvertretung Schwedens im Ausland „Business Sweden", der Schwedischen Handelskammer in der Bundesrepublik Deutschland sowie von „Germany Trade and Invest" (GTaI) zusammen.

Allen Beteiligten sei an dieser Stelle herzlich für ihre Beiträge und Impulse gedankt!

Olof Persson
Präsident der Deutsch-Schwedischen Handelskammer

Dr. Harald Kindermann
Botschafter der Bundesrepublik Deutschland in Schweden

Staffan Carlsson
Botschafter des Königreiches Schweden in Deutschland

Inhalt

Grußwort des Herausgebers 7

1 **Ziemlich beste Freunde** 9
Was wissen schwedische und deutsche
Geschäftsleute tatsächlich voneinander?

2 **Wie wir wurden, wie wir sind** 20
Schweden lieben Harmonie, Deutsche den Wettbewerb
Das macht die Zusammenarbeit zuweilen kompliziert

3 **Do it the smart way** 39
Wer in Schweden gute Geschäfte machen will,
muss am Ball bleiben

Achtung: Fettnapf! 59
Do's and Don'ts in Schweden

4 **Gelebte Work-Life-Balance, rote Tage und die „Fikapaus"** 62
Team und Traditionen sind schwedischen
Mitarbeitern heilig

5 **Was die Zukunft bringt** 81
Worin sich Schweden und Deutschland ähneln,
worin sie sich unterscheiden und was beides verändert

6 **Die Wirtschaft in Schweden und Deutschland im Vergleich** 89
Zahlen, Daten, Fakten

Über den Herausgeber 97

Über die Autorin 97

Über die Gastautoren 98

Stichwortverzeichnis 102

1 Ziemlich beste Freunde

Was wissen schwedische und deutsche Geschäftsleute tatsächlich voneinander?

Anfang Oktober kann man in einem bayerischen Biergarten noch im kurzärmligen Hemd unter dichtbelaubten Bäumen sitzen und spätsommerwarme Sonnenstrahlen genießen. Derselbe Tag ruft im schwedischen Norrköping, etwa 150 Kilometer südlich von Stockholm, schon ein ordentliches Frösteln hervor. Der mich seit der Abfahrt aus der Hauptstadt begleitende Nieselregen trübt die Sicht, und der frische Herbstwind fegt die Blätter gegen mein direkt neben der Handelskammer geparktes Auto. Das Wetter macht mich besorgt. Vermutlich wird sich heute doch nicht jeder auf den Weg machen, der sich zum Business Forum oder auch nur zu meinem Workshop über die interkulturellen Besonderheiten im Geschäftsleben von Schweden und Deutschland angemeldet hat. Wir Schweden mögen die nasskalte Seite des Herbstes ebenso wenig wie wir Deutsche.

Business Foren für Unternehmer und Manager veranstaltet die Deutsch-Schwedische Handelskammer mehrmals im Jahr, im dicht besiedelten Stockholm, Göteborg und Malmö ebenso wie in den regionalen Industrie- und Dienstleistungshochburgen. Norrköping ist ein aufstrebender Industriestandort, und natürlich steht auch hier das Thema „Kulturelle Unterschiede zwischen Schweden und Deutschland“ auf der Agenda. Meine Kollegen und Kolleginnen in der regionalen Handelskammer und ich erwarten heute ein paar Dutzend schwedische Unternehmer und Führungskräfte, die den verheißungsvollen, aber als schwierig geltenden deutschen Markt in den Blick genommen haben. Die meisten sind Vertreter kleiner Unternehmen oder Konzernmanager. Einen starken Mittelstand wie in Deutschland gibt es in Schweden nicht, weshalb man bei der Beschreibung der Wirtschaftsstruktur gern das Bild von der Sanduhr bemüht.

Deutschland ist traditionell der größte Handelspartner von Schweden. Zunehmend interessieren sich aber auch kleine und mittelgroße Unternehmen für den großen und attraktiven Markt in Mitteleuropa. Schon heute sind in Deutschland rund 1.300 Tochtergesellschaften schwedischer Unternehmen ansässig, neben vielen anderen Hennes & Mauritz (H&M), Ikea, SCA, Vattenfall, Volvo, SEB und Stora Enso. Aber auch deutsche Unternehmen und deren Manager machen mit und in Schweden gute Geschäfte. Etwa 900 deutsche Tochtergesellschaften haben sich bisher im Lande etabliert, zumeist in den Metropolregionen Stockholm, Göteborg und Malmö. Zu den deutschen Unternehmen mit umfassender Geschäftstätigkeit in Schweden zählen unter anderem Siemens, Schenker, E.ON, Hornbach, Lidl, Heidelberg Cement und Volkswagen.

Neben diesen Großen gibt es eine Vielzahl kleiner und mittelgroßer Firmen, die den Schritt auf den jeweils anderen Markt gewagt haben: Designbüros aus Schweden entwerfen und produzieren auch in Berlin, Wurstwarenproduzenten aus Bayern verkaufen auch in Schweden. Andere planen erst noch den Markteintritt und wollen im Vorfeld viele Fragen klären.

Der unterschiedliche Umgang mit Informationen

In Deutschland ist Information gleichbedeutend mit Macht. Wer mehr oder etwas schneller weiß als der Wettbewerber, verschafft sich einen Marktvorteil, und sei es auch nur für eine kurze Zeit. Informationen werden also nicht ohne Weiteres verteilt, weder innerhalb eines Unternehmens noch nach außen zu Geschäftspartnern, Kunden und Lieferanten. Sie werden als wertvolles Gut betrachtet und strategisch oder taktisch eingesetzt. Schweden hingegen sind gewohnt, dass alle Informationen frei fließen, denn die Gesellschaft ist äußerst transparent, und Geheimnisse sind mehr oder weniger tabu. Es gibt keinerlei Anlass, um Informationen zurückzuhalten. Wenn Schweden so etwas bei ihren Geschäftspartnern merken oder auch nur befürchten müssen, dann knirscht es über kurz oder lang in der Beziehung. Denn Schweden denken in Teams: Warum sollte ein Einzelner das Herrschaftswissen über eine Information anstreben, die alle gemeinsam weiterbringen könnte?

Diese unterschiedliche Sichtweise hat große Konsequenzen für die operative Zusammenarbeit. Der Deutsche wundert sich, wenn er ungebeten von einem Schweden eine wichtige Information erhält. Er überlegt, wo der Haken ist, und nimmt die Angaben des Schweden womöglich nicht für bare Münze. Aus seiner Sicht müsste man um ein solch wertvolles Gut verhandeln, bevor man es weitergibt. Das birgt die Gefahr, dass Deutsche von Schweden gelieferte Informationen anders – möglicherweise falsch – bewerten und daraufhin falsche Entscheidungen treffen.

Es wird also lebhaft zugehen in der heutigen Runde, das sagt mir die Erfahrung, und am Ende des Tages werden die Teilnehmer viele Vorurteile über die Menschen und die Geschäftskultur in Schweden und Deutschland verloren haben. Aber ich weiß auch: Der Workshop ist eine Investition, und der vermeintliche Verlust an Zeit und Geld ist in Wahrheit ein Gewinn. Denn ohne Zweifel werden sich beide ab morgen noch besser verstehen und als Folge dessen wahrscheinlich auch noch bessere Geschäfte miteinander machen.

Wenn Billy auf das deutsche Reinheitsgebot trifft, verstehen sich Schweden und Deutsche auch ohne Worte

Eigentlich glauben wir Deutsche, dass wir uns Schweden ziemlich gut kennen (rätt gissat – richtig geraten: Ich bin beides.) Längst haben Billy-Regale die deutschen Büros, schwedische Krimis die deutschen Bücherregale und schwedische Popmusik den deutschen Musikgeschmack erobert. Umgekehrt schätzen Schweden deutsches Bier, deutsche Autos und deutsches Know-how rund um die Technik. Vieles verbindet unsere beiden Länder auch unmittelbar. In Schloss Drottningsholm residiert Königin Silvia aus Heidelberg, im nordschwedischen Arvidsjaur sichert der Elchtest das Qualitätsversprechen „Made in Germany“, und von schwedischen Managern ist in deutschen Wirtschaftsmagazinen immer öfter die Rede. Zu verdanken ist die langjährige Völkerfreundschaft nicht erst der Globalisierung und dem europäischen Binnenmarkt. Mit dem Auto von Schweden zum Mittelmeer gelangt man am schnellsten über die deutschen Autobahnen, und da macht man als Schwede gern den einen oder anderen Abstecher. Auf der anderen Seite ist den Deutschen das Land im Norden seit Kindesbeinen so vertraut, als läge Astrid Lindgrens Bullerbü gleich neben ihrer Haustür.

Doch in der vermeintlichen Nähe wohnt nicht nur eine Chance. Darin lauert auch eine Gefahr. Obgleich sich Schweden und Deutschland langjähriger vertrauensvoller und höchst erfolgreicher Geschäftspartnerschaften erfreuen und das Volumen des bilateralen Wirtschaftsaustausches von Jahr zu Jahr wächst, könnte manches noch etwas runder laufen, als es das bisher schon tut.

Der beste Tag für das wöchentliche Meeting

Auf schwedische Manager trifft man in vielen deutschen Großunternehmen. Manche ziehen für ein paar Jahre mit der ganzen Familie nach Düsseldorf oder Stuttgart. Andere mieten an ihrem Dienstsitz ein Apartment und fliegen hin und wieder übers Wochenende nach Hause. Genauso machen es ihre deutschen Kollegen, die in Schweden für gute Geschäfte sorgen sollen.

Was Business-Vielfliegern allerdings ganz gehörig auf die Motivation schlagen kann, sind quer zum Flugplan terminierte Führungsmeetings am Montagvormittag oder am Freitagnachmittag. Für schwedische Mitarbeiter, die das Wochenende häufig auf dem Land oder am Meer verbringen, gilt der Freitagnachmittag als Einstieg in das Wochenende. Und Deutsche arbeiten an diesem Nachmittag gern unter der Woche Liegengebliebenes auf oder führen aufgeschobene Telefonate. Wohlverstanden: Selbstverständlich passen sich alle Manager an die lange vor ihnen vereinbarten Meetingzeiten an. Aber mit dem größten Engagement ist sicherlich nicht Montagmorgen um 9 Uhr oder Freitagnachmittag nach 16 Uhr zu rechnen.

Die Falle, in die zukünftig beste Geschäftsfreunde sehr oft tappen, lässt sich etwa so beschreiben: Die meisten deutschen Unternehmer und Manager, die in und mit Schweden etwas auf die Beine stellen wollen, gehen unbewusst davon aus, dass ihre Kunden, Kollegen, Lieferanten und Mitarbeiter jenseits der Ostsee genauso „ticken" wie sie. Warum auch nicht: Sind nicht beide Länder gleichermaßen politisch stabil wie wirtschaftlich erfolgreich? Gehören nicht beide Länder zu den wohlhabenderen Nationen in der Welt? Teilen nicht die Menschen in beiden Ländern in vielen Dingen einen ähnlichen Geschmack?

Also könnte man doch davon ausgehen, dass schwedische Führungskräfte ebenso gradlinig auf ihr Ziel zusteuern wie deutsche Manager. Dass sie in Gesprächen und Meetings ebenso unverzüglich wie die Deutschen zum Punkt kommen und ohne Umschweife sagen, was Sache ist. Dass schwedische Mitarbeiter ebenso energisch wie ihre deutschen Kollegen ihren Platz in der Firmenhierarchie verteidigen. Dass ... – aber halt. Wovon man als Deutscher in der schwedischen Geschäftskultur alles ausgehen könnte, weil es doch so plausibel scheint, und warum man genau das nicht tun darf, weil es nämlich nicht stimmt, erzähle ich den Managern nachher im Workshop und Ihnen auf den folgenden Seiten dieses Buches.

Nähe macht leichtsinnig. Auch Nachbarn sind manchmal schwer zu verstehen

Das Buch muss deshalb geschrieben werden, weil neben zahlreichen Erfolgsgeschichten in den deutsch-schwedischen Wirtschaftsbeziehungen auch immer wieder von Missverständnissen und im weiteren Verlauf höchst bedauerlichen, weil vermeidbaren Geschehnissen zu hören ist. Hier bricht die hoffnungsvoll begonnene Geschäftspartnerschaft auseinander, weil der Deutsche und der Schwede auf einmal nicht mehr miteinander reden. Dort bleibt ein betriebswirtschaftlich und juristisch perfekt vorbereiteter Unternehmenszusammenschluss auf halber Strecke stecken, und nur die eine Seite weiß, warum. In einer langjährigen Kunden-Lieferanten-Beziehung knirscht es aus unerfindlichen Gründen seit einiger Zeit vor sich hin. Oder der vor einem Jahr nach Schweden entsandte Geschäftsführer hat das Gefühl, seine Mitarbeiter würden die strategische Ausrichtung nicht mittragen oder ihm ihr Vertrauen entziehen. Kurz: Manchmal läuft es nicht rund. Ich finde: Das ist schade, aus ökonomischen wie aus menschlichen Gründen. Aber es muss ja nicht so weit kommen. Mit Sicherheit liefe manches anders und vieles besser, wenn sich Deutsche und Schweden ihrer Ähnlichkeit im Denken und Handeln nicht zu sicher wären.

Wie wir sind und wie wir behandelt werden wollen, entscheidet unser Herkunftsland

Auf den Punkt gebracht, lautet das Kernproblem: Die geografische und kulturelle Nähe der zwei historisch eng verknüpften Länder verleitet Deutsche und Schweden vielfach zu dem Trugschluss, im anderen Land sei alles gar nicht so anders als im eigenen Haus. Oberflächlich betrachtet stimmt das vielleicht auch. Doch beim Vergleich der schwedischen mit der deutschen Businesskultur offenbaren sich neben vielen Ähnlichkeiten doch mehrere Abweichungen vom im eigenen Land Gewohnten. Nur weniges fällt direkt ins Auge. Die meisten Differenzen verbergen sich im Unsichtbaren. Und da ist es wie bei einem Eisberg: Meist stößt man unterhalb der Oberfläche aufeinander.

Geschäftsfreunde und Kollegen einladen

Deutsche Manager laden gern zu sich nach Hause ein. Schwedische Manager laden eher in ein gutes Restaurant ein. Denn das Heim gehört in Schweden eher der Familie und den allerbesten Freunden. Hoffen wir, dass Sie bald dazugehören!

Doch ob Sie nun Ihr deutscher Geschäftspartner oder Kollege zu sich nach Hause bittet oder ein Schwede, beide freuen sich über dieselben Mitbringsel: Keine harten Spirituosen (es sei denn, Sie wissen genau, dass Ihr Gastgeber sich über einen exquisiten Malt Whisky oder einen erlesenen Grappa freut), sondern lieber eine gute Flasche Wein, über die man trefflich plaudern kann. Mit Blumen für die Partnerin machen Sie nichts verkehrt, und über einen Kasten Pralinés macht sich später sicher die ganze Familie her. Genau wissen Sie das natürlich nicht. Deshalb überreichen Sie Ihre Mitbringsel Ihrem Gastgeber. Sie wollen ja auf keinen Fall ein Klischee bedienen.

Worüber Sie vor, bei und nach Tisch sprechen, lassen Sie großzügig den Gastgeber bestimmen. Politik und Religion sind in Deutschland wie in Schweden anfänglich tabu. Sport, Reisen und Freizeitaktivitäten liefern dagegen in beiden Ländern unverfänglichen Gesprächsstoff.

Doch sich die Unterschiede der jeweiligen Geschäftskulturen vor dem Eintritt auf dem anderen Markt genau anzuschauen, halten beide Seiten oft für unnötig. Fatalerweise behindert gerade das Vertrauen auf die angeblich im Großen und Ganzen deckungsgleiche Mentalität beider Völker, dass wir uns richtig kennenlernen – nämlich erkennen, wie wir zu dem geworden sind, was wir sind: Was uns antreibt und was uns begeistert, was uns irritiert und was uns verschreckt, was uns Vertrauen zum Gegenüber fassen und was uns innerlich wie äußerlich rasch das Weite suchen lässt.

Entscheidend wichtig ist das im Business. Wer in einem anderen Land arbeiten und gemeinsam mit Partnern und Mitarbeitern aus einer anderen Kultur erfolgreich unternehmerisch tätig sein will, darf sich nicht damit begnügen, alles über die Politik, Wirtschaft, seinen Markt und seine Branche im Zielland zu erfahren. Nein, wer von Anfang an den richtigen Weg beschreiten will, muss auch ein Stück weit die gesellschaftliche Sozialisation der Menschen im Lande verstehen. Denn nur dann kann er wissen, was seine Worte und sein Handeln – fast wichtiger noch: was seine unausgesprochenen Worte und sein unterlassenes Handeln – beim Anderen mit größter Sicherheit auslösen und bewirken werden.

Das „Fenster der Möglichkeiten“ steht für Deutschland und Schweden weit offen

Selbst im vermeintlich so vertrauten Land hat nur derjenige Unternehmer und Manager Erfolg, der weiß, welche kommunikative Taste auf der Klaviatur des Miteinanders anzuschlagen und welche tunlichst zu vermeiden ist. Um das zu erreichen, muss er seine Vorstellung vom vertraut-fremden Geschäftspartner daraufhin überprüfen, ob sie mit der Wirklichkeit übereinstimmt. Vor allem unsere angebliche Ähnlichkeit scheint das für viele überflüssig zu machen. „Wieso – ich kenne die Deutschen doch?" „Wieso – ich war doch schon so oft in Schweden zu Besuch?"

„Spontane Einladungen sind selten"

Ich zog in einem Januar nach Göteborg und wurde sofort von Kollegen zum Abendessen nach Hause eingeladen. Welch eine Überraschung: Die Kleiderordnung war formal bis Business Casual, es waren andere Kollegen dazu geladen, und das vorzügliche Mehrgänge-Menü wurde wie in einem Sterne-Restaurant aufgetragen. Das war kein einfaches „Get-together"! Dieses förmliche Essen bei jemandem zu Hause ist die Art, wie man mit seinen Kollegen oder Bekannten umgeht, wenn man Ihnen etwas Gutes will. Und wenn es auch so scheint, als ob man die Gäste in seine private Sphäre einlüde, so setzt der förmliche Ablauf doch eine deutliche Grenze. Spontane Einladungen sind eher eine Seltenheit.

Bei der Sprache ist Rücksichtnahme geboten. Vorsicht: Das schwedische „Du" entspricht nicht dem deutschen „Du". Die direkte Ansprache oder eine Aufforderung wird oft als Konfrontation empfunden. Anders herum tun sich die schwedischen Kollegen mit der deutschen Rede schwer. Der Satz „Ich würde es so machen" oder „Man könnte dies auch anders sehen", wird hier eher als Gesprächsbeitrag verstanden denn als Empfehlung, anders zu denken oder zu handeln.

Anfänglich erwartete ich, dass bei spontanen Treffen und Diskussionen Entscheidungen gefällt werden, und dies schien mir auch so der Fall zu sein. Jedenfalls, wenn ich auf Entscheidungen pochte. Beim nächsten Treffen jedoch waren die Beschlüsse entweder vom Tisch oder nicht als verbindlich empfunden worden. Mein „Das hatten wir doch besprochen" erntete überraschte Blicke.

Daher rate ich für Geschäftstreffen zu einer Agenda. Außerdem sollten alle beteiligten Parteien teilnehmen. Auf diese Weise kann sich jeder vorbereiten und seine Meinung sagen. So wird der bekannte schwedische Konsens erreicht, an dem sich jeder mitverantwortlich fühlt. Es wäre schön, wenn wir zügiger zu Entscheidungen kommen würden. Doch ich schätze, wie schnell die Umsetzung der Beschlüsse erfolgt, sobald alle dasselbe Ziel verinnerlicht haben.

Anfangs verstand ich kaum, wer eigentlich die Entscheidungen trifft. Vorschläge werden in eine Gruppe eingebracht, dort diskutiert und ohne erkennbaren Entscheidungsträger beschlossen. Beschlüsse sind oftmals das Ergebnis der sprachlich weichen, kollektiven Konsensbildung. Deutsche Kollegen werten das als langsam und als nicht entscheidungskräftig.

Kürzlich beschrieb ein deutscher Manager ein schwedisches Team als warm, rücksichtsvoll, durchdacht, höflich, leise und indirekt. Er fühlte sich darin wohl, aber er erkannte keinen „Drive", vermisste die harten Diskussionen und den Anspruch, Recht zu haben und dafür lautstark zu kämpfen. Für ihn schien es nur begrenztes Commitment zu geben. Daraufhin erklärte ihm das schwedische Team, dass jedes Mitglied ein Teil des Ganzen sei und dass man sich nicht als Individuum herausstelle. Selbstverständlich gebe es Commitment – aber von allen zusammen.

Karsten Keller, Chief Financial Officer, Schenker Region North, Göteborg

Tatsächlich entspricht das Fremdbild, das sich Schweden und Deutsche von den Menschen im Partnerland machen, in vielen Fällen nicht dem Eigenbild des Deutschen oder Schweden – dem Bild nämlich, das er und sie selbst von sich haben und das damit, pardon, absolute Gültigkeit beansprucht, wenn wir zusammen mit unserem ausländischen Geschäftsfreund etwas bewegen wollen. Denn treten wir mit einem falschen Vorverständnis vom Denken, Fühlen und Handeln unseres Gegenübers an ihn heran, möchten wir etwas bei ihm oder ihr erreichen und stimmen gedankenlos einen falschen Ton an, dann kann sich das „Fenster der Möglichkeiten" blitzschnell schließen – und nicht selten für lange Zeit oder sogar für immer geschlossen bleiben. Wissen über und Verständnis für die kulturellen Eigenarten des Kunden, Lieferanten und Geschäftspartners hingegen erleichtern nicht nur den Schritt über die eigenen Grenzen, sondern öffnen über die Herzen der Menschen auch die Märkte für das eigene Angebot.

Als zentraler Ansprechpartner für Industrie- und Handelsbeziehungen zwischen Deutschland und Schweden sind wir mit den Besonderheiten und dem interkulturellen Spannungsfeld im deutsch-schwedischen Geschäftsleben bestens vertraut. Unsere praktische Erfahrung in der täglichen Arbeit mit deutschen und schwedischen Unternehmen führt uns immer wieder vor Augen, wie wichtig die Beachtung der interkulturellen Unterschiede für den Erfolg der bilateralen Geschäftskooperation ist. Und viele dieser Spannungen und Schieflagen beruhen vielfach allein auf Missverständnisse, die allein schon durch das Schaffen eines Bewusstseins der Unterschiede leicht vermieden werden können.

Zweifelsohne werden die politisch angestrebte Transparenz und Integration der Länder des europäischen Binnenmarkts eines Tages viele heute noch spürbare kulturelle Unterschiede zwischen den Nationen verblassen lassen. Die noch immer voranschreitende Globalisierung tut ihr Übriges dazu. Und gewiss sind die großen, international tätigen und in allen Zeitzonen beheimateten Konzerne längst wahrhaftige „Global Player" geworden. Mit Führungskräften und Mitarbeitern aus aller Welt, die bewusst oder unbewusst daran arbeiten, die Ecken und Kanten der nationalen Geschäftskulturen abzuschleifen.

Doch bis wir tatsächlich von einer gemeinsamen „World Business Culture" sprechen können, ist es noch ein langer Weg. Auf diesem verbirgt sich so mancher Stolperstein, der den engagiertesten Unternehmer und den fähigsten Manager zu behindern oder gar auszubremsen vermag. Doch auch hier ist es wie überall im Business: Wenn man weiß, wo die Risiken lauern, kann man ihnen meist ausweichen oder sie elegant aus dem Weg räumen.

Mit diesem anspornenden Gedanken begrüße ich die Teilnehmer des interkulturellen Workshops im herbstlichen Norrköping. Freudig überrascht sehe ich, dass trotz des unwirtlichen Wetters doch etwa 80 Unternehmer und Manager aus Schweden gekommen sind, um mehr über die Menschen und die Geschäftskultur in dem Land zu erfahren, mit dem sie gute Geschäfte machen möchten. Heute Abend werden sie wissen, wie es geht – wie Sie, wenn Sie dieses Buch aus der Hand legen.

Gutes Gelingen und lycka till!

Ninni Löwgren

2 Wie wir wurden, wie wir sind

Schweden lieben Harmonie, Deutsche den Wettbewerb Das macht die Zusammenarbeit zuweilen kompliziert

Auch wenn sie es nicht immer gerne zugeben: Die Schweden bewundern die Deutschen. Ihre weltweit erfolgreichen Konzerne. Ihren hohen technischen Standard. Ihre strukturierte, planvolle Arbeitsweise. Ihre Disziplin. Ihre Zuverlässigkeit. Ihren Sinn für Qualität. Ihr direktes Ansteuern des Ziels und ihre Beharrlichkeit, den aus ihrer Sicht wichtigsten Punkt der Angelegenheit unter keinen Umständen aus den Augen zu verlieren. Ganz ehrlich: Schweden finden das absolut großartig. Deshalb zollen sie Unternehmern und Managern aus Deutschland von der ersten Begegnung an (und aus der Ferne sowieso) hohen Respekt.

Für einen darüber hinausgehenden Applaus sieht der Schwede keinen Grund. Natürlich glaubt er, dass sein Land das Schönste von allen sei, doch er weiß: Im internationalen Geschäft ist die geografische Lage Deutschlands ein klarer Standortvorteil. Außerdem dünkt es ihn schon rein rechnerisch alles andere als ein Wunder, dass ein Land mit 82 Millionen Einwohnern absolut gesehen mehr Unternehmer und Führungskräfte mit einem Händchen fürs Geschäft hervorbringt, als ein Land mit gerade mal 9,5 Millionen, das sich zudem von der Ostsee bis weit nach Norden über den unwirtlichen Polarkreis hinaus erstreckt.

In dem langen, schmalen und sehr dünn besiedelten Land im Norden Europas wachsen „Lars und Lisa Svensson“ in der Überzeugung heran, dass sie zwar als Individuum nichts wirklich Besonderes sind, dafür aber als Teil der Gemeinschaft eine unglaublich wichtige Funktion erfüllen. Von Geburt an wird ihnen beigebracht, dass jeder einzelne Schwede willkommen, ja geradezu unverzichtbar ist. Warum? Erstens ist auch der Nordlandbewohner ein geselliges Wesen und hat gerne andere Menschen um sich herum. Deshalb und zweitens sind Schweden ausgesprochen kinderlieb. (Viele Eltern begrüßen ihren Sprössling, indem sie sein Foto mit einem Ankunftsgruß in die Zeitung setzen. Dann kann sich nämlich jeder in der Gemeinde mitfreuen.) Drittens braucht das Land jeden denkenden Kopf und jede zupackende Hand, um sein erst vor gar nicht so langer Zeit erreichtes und inzwischen erfreulich hohes Wohlstandsniveau halten und weiter steigern zu können. Auch wenn er das nicht an der Hochschule studiert hat: So viel versteht jeder Schwede von Nationalökonomie.

Die Wirtschaftsgeschichte des Landes wird auch Nicht-Schweden die Augen dafür öffnen, warum hier jeder Neubürger willkommen ist.

Vom Armenhaus Europas zum modernen Sozialstaat

Die Geschichte Schwedens prägt noch heute die Menschen

Bis weit in das 19. Jahrhundert hinein war das Königreich Sverige (sprich: „Svärrje“) ein alles andere als wohlhabendes Agrarland. Der größte Teil der Bevölkerung musste sich mit Land- und Forstwirtschaft sowie Fischfang über Wasser halten. Wer das nicht konnte oder wollte, suchte und fand auch oft sein Glück in Übersee. Bis 1900 verließ etwa jeder fünfte Schwede sein Heimatland.

Erst mit der Industrialisierung gerieten die tiefer gelegenen Bodenschätze vor allem in Nordschweden in den Blick und machten aus Schweden eine Exportnation. Die Wirtschaft bekam Flügel, vielerorts entstanden Fabriken, für jeden gab es mehr als genug zu tun, und der allgemeine Lebensstandard zog kräftig an. Weil dennoch eine Menge Landsleute genug von den langen, kalten Wintern hatten und auswanderten, jetzt aber mit vollen Taschen, bliebt das Angebot an Arbeitskräften knapp.

Die Staatslenker mussten sich also etwas einfallen lassen. Heraus kam um 1930 die politische Vision des schwedischen „Folkhemmet“: Bis in die 1960er Jahre hinein galt das „Volksheim“ als stilprägende Metapher eines Politik- und Gesellschaftsmodells, das auf Zusammenarbeit, Hilfsbereitschaft und einen starken Wohlfahrtsstaat setzte.

Die wachsenden Ausgaben des Sozialstaats machten allerdings nach 1980 einen Umbau des Landes erforderlich mit folgendem Ergebnis:

„Schweden ist gegenwärtig noch immer eines der egalitärsten und sozial sowie wirtschaftlich fortschrittlichsten Länder. Bei Bildungsausgaben, Kinderbetreuung und geschlechtlicher Gleichstellung nimmt das Land internationale Spitzenpositionen ein. Solidarität und Unterstützung für Entwicklungsländer sowie der Einsatz für weltweiten Frieden gehören zum schwedischen Selbst- und Moralverständnis. Die Gleichheitsutopie in einem Land wie Schweden ist ein hohes soziales Gut, das nicht unterschätzt werden darf."

(Jens Gmeiner, Der langsame Abstieg vom schwedischen „Volksheim", Göttinger Institut für Demokratieforschung, 2012)

Selbst heute noch definieren sich die meisten Schweden nicht über das „Ich", sondern über ihre Rolle im „Wir". Er und sie sind davon überzeugt, dass sie als unverzichtbare Teile des familiären, kommunalen, ja sogar des nationalen Teams eine Aufgabe zu erfüllen haben. Wenn sie das nicht oder nicht mehr können, empfinden sie Bedauern. Aber weil sie wissen, dass in diesem Fall ein anderer einspringen und auf seine Weise zum Gesamterfolg beitragen wird, zerbrechen sie nicht so leicht daran, wie Menschen, die ihren Wert vor allem ihrer Arbeit und ihrer Position in der gesellschaftlichen und Unternehmenshierarchie zu verdanken glauben.

Diese Denkweise trifft man zwischen Flensburg und Rosenheim häufig an, und natürlich gibt es auch dafür einen Grund.

Geboren als ein Schwede von 9,5 Millionen, kennt ein schwedischer Arbeitnehmer seine Rechte sehr gut und sucht stets eine gesunde Balance mit seinen Pflichten aus. Geboren als ein Deutscher von rund 82 Millionen, ist man sich seiner Pflichten stärker bewusst. Schon früh wird man zu der Überzeugung gebracht, sich nach Möglichkeit aus der Menge hervorheben zu müssen, um neben all den vielen anderen Menschen gesehen, beachtet und anerkannt zu werden. Darum setzt der Wettbewerb um die beste Ausgangslage im Leben in Mitteleuropa früh ein – viel früher, wenn überhaupt, als in Skandinavien. „Konkurrenz“ ist daher auch in Deutschland ein positiv besetzter Begriff. In ihm schwingt die Hoffnung auf etwas Erfreuliches mit, auf einen Gewinn, zumindest auf die Chance darauf. Und wenn sich viele darum bemühen, wird der Erfolg für viele auch nicht ausbleiben. So jedenfalls sehen das die meisten Deutschen.

„Ausnahmeland Deutschland“

QleanAir Scandinavia ist ein schwedisches Unternehmen, das Lösungen für die Luftreinigung anbietet. Das globale Marketingkonzept wird auf allen europäischen Märkten gleich umgesetzt. Nur Deutschland beharrt wie kaum ein anderes Land auf der Wahrung seiner kulturellen Eigenheiten – insbesondere in Marketing und Öffentlichkeitsarbeit.

So gibt es immer wieder Diskussionen bei der Gestaltung von Broschüren, Produktinformationen, Webseiten und anderem Marketingmaterial. In Schweden möchte man gern den engen Bezug zur Natur, zu frischer Luft und dem Einklang von Mensch und Natur hervorheben. Denn Kunden und Konsumenten erwarten von einem hiesigen Anbieter, dass er auf die schwedische Mentalität eingeht und bei der Produktgestaltung berücksichtigt. In Deutschland zählen dagegen hauptsächlich Zahlen, Daten, Fakten, Zertifikate und Stempel. Damit kann man aber schwedische Kunden nicht beeindrucken. Im Gegenteil: Der Verzicht auf die Betonung der in Schweden so wichtigen „Soft Values“ wird vom Markt hart bestraft. Doch es ist schwer, das in Deutschland zu vermitteln, weil vielfach das Verständnis für die Besonderheiten der nordischen Mentalitäten fehlt.

Als wir in der Vergangenheit einen Katalog entwickelten, der in allen europäischen Märkten zum Einsatz kommen sollte, stieß dieser in allen Ländern auf positive Resonanz. Bis auf Deutschland: Dort beharrte man auf den eigenen Vorstellungen. Eine Tabelle mit der Auflistung aller Produkte inklusive technischer Daten scheint in Deutschland wichtiger zu sein, als die visuelle Hervorhebung des Nutzens und die emotionale Ansprache der Kunden. Dieser Unterschied mag zwar durchaus existieren und dadurch gerechtfertigt sein, stellt aber das zentrale Marketing für Europa vor gravierende Probleme.

Fazit: Deutschland und Schweden mögen auf den ersten Blick viele Gemeinsamkeiten haben. Es kommt aber auf die kleinen Feinheiten an, die oftmals zu großen Stolpersteinen in der Kommunikation und im Geschäftsleben werden können.

Cornelia Norén, Global Sales Manager, QleanAir Scandinavia AB, Stockholm

Wenn man hingegen nicht „viele“, sondern „wenige“ ist, sieht die Sache anders aus. Sicher nicht jedem, aber sehr vielen Schweden wird etwas mulmig zumute, wenn von einer „Konkurrenz“ die Rede ist. Unwillkürlich denken sie an Gegeneinander statt Miteinander, an Kampf statt an friedliches Zusammenleben, an Ausschluss statt an Integration. Und da jede Konkurrenz qua Definition die Menge der potenziellen Kooperanden an der gemeinsamen Sache verringert, steigen Unbehagen und Verständnislosigkeit in ihnen auf: Warum stößt man Menschen zurück, die mittun wollen? Ist es nicht das Natürlichste auf der Welt, dass alle zusammenhalten und mit anpacken – jeder so, wie sein Wissen, sein Können und sein Wollen es ihm und ihr gestatten?

§ 1: Alle sind gleich. § 2: Manche sind ein bisschen gleicher. § 3: Aber im Prinzip gilt §1.

Dieses zutiefst im menschlichen Betriebssystem der Schweden verwurzelte Denken ist für deutsche Führungskräfte oft sehr schwer nachzuvollziehen. Wer schon einmal einen schwedischen Team- oder Abteilungsleiter auffordern musste, seine Mitarbeiter in „Leistungsträger“ und „Nonperformer“ oder in solche mit und ohne erkennbarem Leistungspotenzial zu differenzieren, wird zwar die gewünschte Liste erhalten – aber unter innerem Protest und mit einem qualvollen Blick.

Deutsche Chefs haben damit in der Regel kein Problem. Kein Wunder, sind sie doch mit der Gewissheit groß geworden, sich spätestens beim Einstieg in das Berufsleben von anderen abheben, sich gegenüber anderen hervortun, andere überragen, besser als andere sein, ja, sagen wir es unumwunden: anderen überlegen sein zu müssen. Dieses Streben ist den Schweden völlig fremd, geradezu wider ihren Naturell. Wie sollen sie es auch gelernt haben in einer zutiefst egalitären Gesellschaft, die ihren Nachwuchs von der ersten Schulklasse an zu Gruppenarbeiten ermuntert? In der die Universitäten großen Wert auf Teamleistungen legen und die Studierenden nur zögernd zu individuellen Höchstanstrengungen herausfordern? In einer Gesellschaft, deren Mitglieder sich im stillen Übereinkommen als prinzipiell ebenso gut, ebenso fähig, ebenso willig und infolgedessen als ebenso wertvoll wie der Nachbar, Freund oder Kollege empfinden, vermag sich niemand nicht einmal im Traum vorzustellen, sich jemals über einen anderen Menschen erheben zu können und zu wollen. Alle sind gleich viel wert, wollen gleich viel leisten und sind im Zweifelsfall lediglich an der falschen Stelle eingesetzt. Deswegen hat man vor jedem Menschen Respekt – aber nicht vor seinem Titel oder seiner Funktion.

In Schweden spielen Titel keine Rolle

Akademische Titel wie „Dr.", „Prof.", „Priv.-Doz." und auch die drei Buchstaben „MBA" hinter dem Namen sucht man auf der Visitenkarte eines Schwedens vergeblich. Die durch geistige Leistung mühevoll erworbene oder durch eine verliehene Würdigung erhaltene Auszeichnung ist Privatsache. Während man in Deutschland stolz auf seine Würde hinweist, findet man sie in Schweden weder auf dem Briefpapier noch auf der Geschäftskarte und auch nicht auf der eigenen Homepage. Allenfalls genannt wird ein Titel – aber nicht notwendigerweise – im Curriculum Vitae, der auf der Firmenwebseite zum Abruf hinterlegt ist. Der Grund für die vornehme Zurückhaltung ist das Bestreben, nur ja keinen Unterschied, keine Andersartigkeit, keine herausgehobene Stellung hervorheben zu wollen. Schweden achten auf die operativen Ergebnisse und wollen auch nur daran gemessen werden. Wie sie ihr Wissen erworben haben, spielt in ihren Augen und in den Augen der Gesellschaft keine Rolle. Viele Geschäftsleute aus Deutschland, die in Schweden arbeiten, lassen sich deshalb zwei Visitenkarten drucken: Eine für Deutschland mit, eine für Schweden ohne den Titel.

Für Schweden ist es wichtig, möglichst alle von einer Entscheidung oder Handlung Betroffene mit ins Boot zu holen. Das gilt für die Verabredung von Teenies („Gehen wir ins Kino oder zum Bowling?") ebenso wie für Beschlüsse von unternehmensstrategischer und nationaler Tragweite. So wurde „självklart" (selbstverständlich) 2003 auch jeder Schwede in einer Volksabstimmung zur Euroeinführung befragt. Wenn neben der Sommersonne etwas über ganz Schweden leuchtet, dann ist es der Wille zur Einigung, der „Konsens". Tief in die schwedische Seele eingebrannt ist der Glaubensgrundsatz: Nur der gemeinschaftlich und ohne Gegenstimme getroffene Beschluss hat Aussicht auf Bestand. Deshalb wird zuweilen selbst über minder folgenschwere Entscheidungen so lange gerungen, bis der letzte Einwand vom Tisch ist.

Der oberste schwedische Glaubensgrundsatz lautet: Erst wenn alle (zumindest nach außen hin) das Vorgehen bejahen, wird es erfolgreich sein. Erst dann, wenn alle Gegenargumente verstummt sind und sich alle um den Tisch herum zuversichtlich anlächeln, ist der Diskussionsleiter zufrieden. Erst wenn sich der widerspenstigste Kritiker der Mehrheitsmeinung angeschlossen hat, kann das Meeting beendet werden. Umgekehrt genauso: Jeder Geschäftsführer oder VD (Verkställande Direktör, aber auf der Visitenkarte schreibt man üblicherweise nur die Kurzform: VD), wie er in Schweden genannt wird, wird sich der uneingeschränkten Zustimmung zumindest seiner direkten Mitarbeiter versichern, bevor er eine größere Neuerung umsetzt. Und wenn er eine unpopuläre Maßnahme ergreifen muss, wird er in seinem engsten Kreis so lange dafür werben, bis er eine stattliche Zahl an Bündnisgenossen geworben hat und die Entscheidung bereits vorab auf einem möglichst breiten Fundament steht.

Der Deutsche liebt den Alleingang, der Schwede geht die Strecke lieber zusammen mit anderen

Schweden, darin sind sich die Bevölkerungswissenschaftler einig, ist eine der ganz wenigen Nationen Europas mit einer kollektivistischen Kultur. (Deshalb fühlen sich übrigens Unternehmer aus Fernost hier ein gutes Stück weit zu Hause.) In Deutschland hingegen, einem Land mit hochgradig individualistischer Prägung, zählt der Einzelne in seinen eigenen Augen wie in denen seiner Umgebung und in denen der

Gesellschaft mehr als die Gemeinschaft. Dahinter steht der utilitaristische Gedanke: Nur wenn jeder seines eigenen Glückes Schmied ist, kommt der Erfolg der Gemeinschaft als Ganzes zugute.

Der Wunsch nach der Zustimmung aller Betroffenen durchzieht die schwedische Kultur wie ein blau-gelber Faden – vom Kindergarten („dagis“) über die Schule bis hin zu den Kontoren und Werkshallen der Erwachsenen. In seiner Heiligkeit für die schwedische Volksseele vergleichbar ist es in Deutschland höchstens mit der ehernen Institution der Hierarchie.

Für Deutsche ist es traditionell wichtig, ihre Position in der gesellschaftlichen Rangordnung zu kennen – um sich von diesem Ausgangspunkt weiter nach oben zu bemühen. Wenngleich die soziale Aufstiegsmobilität in den letzten Jahren nachzulassen scheint, wie die Soziologen behaupten, ist es für Mitarbeiter nach wie vor äußerst reizvoll, sich an die Spitze einer Arbeitsgruppe zu setzen und eine Vorgesetztenfunktion übernehmen zu dürfen. Sie sagen das aber selten direkt, sondern äußern den Wunsch nach „beruflichen Perspektiven“. Gemeint ist trotzdem meist ein Leitungsposten.

„Sven Svensson“ – das schwedische Äquivalent zum deutschen „Max Mustermann“ – hingegen ist es reichlich egal, ob er „Chef von“ oder „Head of“ irgendetwas ist. Erstens weiß er, dass er ohnehin kaum eine Entscheidung gegen sein Team treffen kann. Und zweitens hat er oft ein Problem damit, anderen „vorgesetzt“ zu sein. Jante lässt grüßen ...

Jantes Gesetz („Jantelagen“)

Die Wikinger ließen stets nur eine einzige Schale kreisen, aus der alle gemeinsam tranken. Jeder nahm einen Schluck und achtete darauf, dass für den Nebensitzer noch etwas übrig blieb: Schließlich hatten ja alle gleich gut gekämpft und waren gleichermaßen wertvoll. Um 1920 herum griff der dänisch-norwegische Autor Aksel Sandemose diese tatsächlich den Volkscharakter prägende Sitte auf und formulierte daraus das sogenannte „Jante-Gesetz“: Kein einziger Mensch möge auch nur im Entferntesten glauben, er sei aus irgendeinem Grund besser, weiser, gebildeter oder auf andere Art herausragend. Stattdessen sollten sich alle Menschen zur Gleichheit bekennen und verpflichten, ihre eigenen Interessen zugunsten der Gemeinschaft zurückzuhalten. Niemand solle bevorzugt werden und besondere Privilegien erhalten. In dieser Grundhaltung wächst jeder Schwede auf, und sie hat sich im persönlichen Umgang und im gesellschaftlichen Verkehr etabliert.

Folglich schenkt sich kein Schwede den verbliebenen Rest Kaffee aus der Kanne ein und greift auch nicht nach dem letzten Schnittchen auf der Platte. Überhaupt setzt er sich nicht ohne Not auf ein Podest. Auch Rampenlicht hat längst nicht solch eine magische Wirkung auf ihn wie auf viele Deutsche. Diese bescheiden wirkende Zurückhaltung ändert sich zwar augenblicklich und schnell, vor allem in der welterfahrenen jüngeren Generation. Sie wird aber gewiss noch lange Zeit in Schweden spürbar sein. (Siehe dazu auch Kapitel 5.)

Ein Beispiel aus dem Straßenverkehr macht den kollektiven Wunsch nach Unterordnung (oder Geborgenheit, je nach Sichtweise) in die Gruppe vielleicht am deutlichsten. Wenn es in Schweden überhaupt zu Behinderungen auf der Autobahn kommt, dann stauen sich die Autos meist auf der mittleren Fahrspur. Denn jeder fährt nach Möglichkeit in der Mitte, auch wenn es links und rechts von ihm zügiger läuft. Selbst wenn es über Kilometer hinweg nur im Schritttempo voran geht, wird kein linientreuer Schwede die Spur wechseln – oder nur mit einem schlechten Gewissen und dem nagenden Gefühl, von tausend bösen Blicken verfolgt zu werden. Man setzt sich doch nicht über die anderen Autofahrer hinweg ...

Schweden machen keine Schau, sondern schauen, dass etwas gemacht wird

Der Unterschied zwischen individualistisch und kollektivistisch geprägten Kulturen ist nicht nur von akademischem Interesse. Vielmehr kommt es genau wegen dieses „Clash of Cultures“ häufig zu Irritationen zwischen ansonsten prächtig bilateral kooperierenden Geschäftspartnern.

Bemerken können wir das immer wieder bei Geschäftsanbahnungen in Schweden. Manager aus Deutschland reagieren häufig erstaunt, wenn sich der schwedische Geschäftspartner beim ersten gemeinsamen Treffen nicht wortreich in den Mittelpunkt der Unterredung zu schieben versucht. Während die Deutschen automatisch davon ausgehen, dass sich der künftige Vertriebspartner oder Zulieferer von seiner Schokoladenseite darzustellen versucht, wird sich dieser bemühen, streng sachlich über die zur Entscheidung anstehende Angelegenheit zu diskutieren. Ohne auch nur den geringsten Punkt auszulassen, an dem ein Abkommen scheitern könnte – er ist nicht naiv, mitnichten, er will nur fair sein! –, wird er die Vor- und Nachteile einer möglichen Kooperation erläutern und an weit mehr Stellen, als es der Deutsche erwartet, streng objektiv auf seine begrenzten Möglichkeiten hinweisen.

Allein hieraus zu folgern, einer geplanten Kooperation sei keine große Erfolgsaussicht beschert, zeugt von Unkenntnis der schwedischen Mentalität. Will doch der hiesige Geschäftsmann nichts anderes, als vor Beginn einer Zusammenarbeit möglichst viel Klarheit zu schaffen – damit beide Seiten von vorn herein wissen, worauf sie sich in Zukunft einlassen.

Teils aus kultureller Prägung, teils aus nachbarschaftlicher Neigung zum britischen „Understatement“ heben Schweden ihren eigenen Anteil an einer Leistung von mehreren Beteiligten äußerst ungern hervor. (Es sei denn, sie sind mitteleuropäisch sozialisiert oder sie haben gelernt, den an sie gerichteten Erwartungen eines ausländischen Vorgesetzten oder Geschäftspartners nachzukommen.) Stattdessen werden sie auf den gemeinsamen Erfolg aller Mitarbeiter verweisen und ihr persönliches Licht, so weit es ihr Stolz und ihr Selbstbewusstsein erlauben, herunterdimmen. Denn an vorderster Stelle steht für Schweden das Ergebnis, und das ist immer ein Gemeinschaftswerk – selbst wenn der Einzelne daran 99 Prozent und das restliche Team nur ein winziges Prozent für sich beanspruchen kann.

Wie ein und derselbe Begriff im Business häufig bewertet wird

	Vom Schweden eher	Vom Deutschen eher
Alternativen	positiv	negativ
Ehrgeiz	negativ	positiv
Fehler	negativ („aber o.k.“)	negativ
Führung	neutral	positiv
Gemeinschaft	positiv	positiv
Hierarchie	negativ	positiv
Klare Ansage	negativ	positiv
Kompromiss	positiv	negativ
Konflikt	negativ	manchmal nötig
Meeting	positiv	neutral („nötig")
Pfusch	negativ	negativ
Schwäche	positiv („kommt vor“)	negativ
Selbstbewusstsein	neutral	positiv
Team	positiv	teils-teils
Tempo	positiv	positiv
Wettbewerb	negativ	positiv
Zeitverschwendung	gibt es nicht	negativ

Würde ein Schwede gegen diesen gesellschaftlichen „Comment“ verstoßen, dann fühlte er sich zum einen unwohl, weil er sich gegenüber anderen erhoben und gegen das „Jante-Gesetz“ verstoßen hätte. Zum anderen würde er befürchten, dass ihm seine Kollegen oder Mitarbeiter deswegen grollen. Und ein Konflikt mit den seinen gehört zum Allerschlimmsten, was einem Schweden widerfahren kann.

Darum – Glaubensgrundsatz Nummer 2 – gibt es in Schweden keine ernsthaften Konflikte. Es gibt nur unterschiedliche Meinungen, für die ein jeder ohne Zweifel rationale, sachlogische Argumente ins Feld führen kann. Und weil ex definitionem dann Gefühle im Spiel sind, lässt sich so lange sachlich und ruhig diskutieren, bis der vernünftigste Weg gefunden ist, dem letztlich dann auch der ursprüngliche Kontrahent zustimmen wird. In der betrieblichen Praxis sieht das oft so aus: Wenn zwei Menschen unterschiedliche Ansichten haben, setzen sie sich zusammen und reden darüber, wie man gemeinsam das Beste aus der Meinungsverschiedenheit machen kann. Wofür sprechen die stärkeren Vernunftgründe? Mit welcher Lösung lassen sich die größten Synergieeffekte erzielen? Oder gibt es möglicherweise einen noch sinnvolleren dritten Weg?

Der Lösungsdreisatz

Deutsche Entscheider gehen gerne nach einem standardisierten Lösungsschema vor. Das rationalisiert die Beschlussfassung und kürzt den Prozess der Entscheidungsfindung ab. Die drei Schritte lauten:

1. **Problem erkennen**
2. **Mögliche Lösungswege identifizieren**
3. **Die beste und/oder schnellstmöglich zum Ziel führende Lösung wählen und GO!**

Die Methode funktioniert in der Regel sehr gut. Der Erfolg setzt allerdings voraus, dass tatsächlich alle denkbaren Lösungsalternativen in Betracht gezogen werden. Bei eilbedürftigen Entscheidungen oder solchen, die so dargestellt werden, kann das schon mal unterbleiben.

Deutsche Manager in Schweden haben für die permanente Suche nach einer konsensualen Lösung oft wenig Verständnis. Es macht sie schlichtweg wahnsinnig, wenn dieser oder jener offene Punkt von Meeting zu

Meeting erneut auf die Agenda gesetzt wird und offenbar partout nicht zu klären ist. Was macht es denn so schwer, sich entweder für A oder für B zu entscheiden? Warum dauert das nur so lange? Wieso um Himmels willen können sich die beiden nicht einigen? Ich kann Sie beruhigen: Die werden sich schon einig. Es kann nur etwas dauern. Am Ende winkt als Lohn für die Geduld meistens eine Lösung, mit der die beiden nicht nur „leben können", sondern hinter der sie mit größter Wahrscheinlichkeit innerlich stehen werden und die von beiden unterstützt wird. Eben gemeinsam – für die Aufgabe, für das Team, für das Unternehmen.

„Projekte managen in Schweden"

Das Ziel war die Implementierung einer IT-Software in unserer schwedischen Tochtergesellschaft auf der Grundlage eines ausgefeilten Projektplans mit standardisierten Prozessen und festen Zeit- und Zielvorgaben für die einzelnen Implementierungsschritte. Der Erfolg wurde in wöchentlichen Statusberichten für die zentrale Projektleitung dokumentiert.

Bezeichnend für dieses Projekt war die in Schweden oft sehr umfangreiche Initiierungsphase, gefolgt von einer recht kurzen Umsetzungsphase. In unserem Projekt-Kick-off wurde zum Beispiel lediglich diskutiert, welche weiteren Kollegen noch in das Projekt einbezogen werden sollten. Weil das Kernteam zu Beginn zahlreiche Unterprojekte definierte und sich daraufhin viele unabhängig voneinander arbeitende Teilteams bildeten, wuchs die Zahl der involvierten Personen enorm an. Es bedurfte sehr vieler Besprechungen, um die Ergebnisse aller Arbeitsgruppen miteinander zu verknüpfen. Das Streben nach einem gemeinsam erarbeiteten und verabschiedeten Projektplan und Implementierungsprozess führte zu einem konstanten Abstimmungsbedarf.

Lange traten wir auf der Stelle, sehr schnell gerieten wir in Verzug. Die zentrale Projektleitung zeigte sich besorgt und wollte wiederholt in den lokalen Prozess eingreifen. Zu diesem Zeitpunkt war es extrem wichtig, Ruhe zu bewahren und den schwedischen Kollegen das notwendige Vertrauen entgegen zu bringen. Der Aha-Effekt: Aufgrund der sehr aufwendigen Vorarbeit schritt die Implementierung des Systems umso schneller voran. Alle bei der Umsetzung beteiligten Mitarbeiter waren in die Planung und Entscheidungsprozesse involviert, die Identifikation mit dem Projekt war sehr hoch, und der Wille zum erfolgreichen Abschluss setzte die notwendige extra Portion Energie frei. Mit der Folge: Obwohl wir über weite Strecken hinweg hinter dem Projektplan lagen, wurde die Implementierung zum verabredeten Stichtag erfolgreich abgeschlossen.

Thorsten Gerdau, Managing Director Bayer Schweden, Stockholm

Wir müssen nicht drumherum reden: Das Streben nach möglichst allseits, in der Praxis möglichst weitgehend akzeptierten Lösungen kostet mitunter sehr viel Zeit. Mit dem deutschen Lösungsdreisatz stößt man in Schweden auf Betonmauern, denn hier gilt die Devise „Der Weg ist das Ziel". So lange nicht jedes einzelne Mitglied des Managementteams davon überzeugt ist, dass die Sache Hand und Fuß hat, geht gar nichts. Und wenn der deutsche Geschäftsführer versuchen sollte, die steinharten Mauern mit Brachialgewalt einzureißen („Das machen wir jetzt so. Punkt. Schluss."), dann darf er sich nicht wundern, wenn die Umsetzung seiner Lösung floppt. Es menschelt halt überall: Wer sich nicht mitgenommen fühlt, findet unter Garantie Haken und Ösen, die die Sache zu Fall bringen ...

Entscheidungsprozesse in Schweden umfassen neben der sachlichen Dimension immer auch die menschliche Seite. Was macht die Entscheidung mit den beteiligten Menschen? Wer ist in welcher Weise davon betroffen? Lassen sich die Konsequenzen abfedern? Und nicht zuletzt: Welche alternativen Lösungswege sind denk- und durchführbar?

Entscheidungen gehen oft über mehrere Runden

Anders als in Deutschland, wo Entscheidungen meist direkt und schnell auf eine Zielgerade zulaufen, auf eine zu findende ultimative Lösung zu jedem gegebenen Zeitpunkt, bevorzugen Schweden einen Lösungskorridor oder Lösungsraum, der eine Vielzahl möglicher Alternativen beinhaltet. Der nach längeren (!) Diskussionen einvernehmlich (!) getroffene Beschluss sollte nur als erster Lösungsversuch (!) betrachtet werden. Denn die besprochenen Alternativen sind noch lange nicht vom Tisch. „Gut“, schlägt der Geschäftsführer vielleicht am Ende des Meetings vor, „versuchen wir es also auf diesem Wege.“ Stellt sich der Realisierung jedoch etwas entgegen, tauchen neue Argumente auf oder macht einer der Beteiligten aus irgendwelchen Beweggründen den Sack wieder auf, dann trabt man gemeinsam zurück in den Lösungsraum und rollt den Entscheidungsprozess eben noch mal von vorne auf.

Warum der schwedische Weg länger dauert, am Ende aber trotzdem der kürzere ist

Dieser „dynamische“ Entscheidungsfindungsprozess in Schweden dauert natürlich viel länger als Beschlussfassungen in deutschen Unternehmen. Aber nur, wenn man von außen darauf schaut! Wenn man nämlich in die Organisation hinein sieht und weiß, dass eine Lösung von möglichst vielen Menschen getragen werden sollte, wenn sie in einer flachen Organisationsstruktur funktionieren soll, dann ist der schwedische Weg oft der kürzere. Auch deshalb, weil alle wissen, dass irgendwann eine gute Lösung gefunden werden wird. Wenn nicht heute, dann morgen oder nächste Woche. „Det ordnar sig“, „Das wird sich weisen“ ist ein geflügeltes Wort – längst nicht nur in Schwedens Wirtschaftsleben. Und nebenbei: Es ist das beste Rezept gegen Stress am Arbeitsplatz.

An dieser Stelle muss natürlich erneut darauf hingewiesen werden, dass sich die großen, grenzüberschreitend tätigen Unternehmen mit Stammsitz im Norden bereits in vielerlei Hinsicht von der traditionellen Geschäftskultur in Schweden entfernt und dem an allen Business Schools gelehrten Managementstil angepasst haben. In den Spitzengremien und mindestens im Mittelmanagement von Ikea, H&M, SEB und all den anderen bekannten Konzernen wird ebenso strukturiert und zügig geplant, entschieden und umgesetzt wie bei jedem anderen Global Player. Aufgeschlossen auf den westlichen Standard haben vielfach auch junge Unternehmen und Startups in der Hightech-Branche und in kreativen Umfeldern. Das bleibt nicht aus, wenn ein Großteil des Business über das Internet abgewickelt wird.

Vor allem in mehrheitlich nordisch besetzten Teams schwedischer Unternehmen leben die Traditionen noch weiter. Davon geprägt sind auch große Teile der öffentlichen Verwaltung. Und natürlich die (vielen) kleinen und (einzelnen) mittelgroßen Betriebe, die wenig bis keine Berührungspunkte mit ausländischen Handelspartnern haben. Überall dort sollten Sie mit dem klassischen konsensorientierten und menschenzentrierten Denken rechnen.

Reden ist Silber, Schweigen ist Gold

In Schweden ist es nicht ungewöhnlich, wenn in einem Meeting minutenlang kein einziges Wort fällt. Einem Deutschen ist das oft unheimlich: Wieso sagen die nichts? Schweigen gilt in Deutschland oft als Nichtwissen oder als Eingeständnis, dass einmal längeres Nachdenken angesagt ist, was entweder als Unzufriedenheit oder als Zeichen von Schwäche ausgelegt werden kann (und oft wird). Anders in Schweden: Hier ist man einfach still, wenn man über eine Sache nachdenkt oder intensiv nach den richtigen Worten sucht. Begründetes Stillschweigen wird mit Wohlwollen aufgenommen und so verstanden, wie es gemeint ist: Jemand wägt ab. Und da ist er natürlich so lange still, bis er seine Gedanken in die richtige Form gebracht hat.

In Verhandlungen mit Schweden sind Deutsche oft irritiert, wenn ihr Gegenüber abrupt in Schweigen verfällt. Möglicherweise hat der Geschäftsmann aus Hamburg kurz zuvor nach harten Verhandlungen sein letztes Angebot auf den Tisch gelegt und gefragt: „Können Sie damit leben?" Der Schwede denkt dann etwa so: „Wenn das wirklich sein letztes Angebot ist, dann muss ich mir das gut überlegen." Die Zeit vergeht. Niemand sagt etwas. Der Deutsche fühlt sich zusehends unbehaglich. Hat er den Bogen überspannt? Das wäre schlecht, denn schließlich erwartet sein Chef von ihm, dass er den Deal nach Hause bringt. Er wird nervöser und nervöser und bricht die Stille schließlich mit den zögerlichen Worten: „Vielleicht können wir ja noch einmal rechnen." Manchmal ist Schweigen tatsächlich Gold ...

Nicht zuletzt wegen ihres menschlichen Gesichts sind die Schweden sehr stolz auf ihre Businesskultur. Man gibt sich offen und locker, mag keine Formalismen und starre Strukturen, beschreitet gern informelle Wege und hält am liebsten alle Bälle ständig in der Luft. Bei der Transparenz und den sehr flachen Organisationsstrukturen in schwedischen Unternehmen ist das ja auch leichter möglich als in deutschen Großunternehmen. Flexibilität und Kreativität werden als hohe Werte geschätzt, und die Mitarbeiter werden, so weit es nur irgend geht, an den geschäftlichen Weichenstellungen beteiligt.

In Deutschland wird gearbeitet – in Schweden wird gelebt

Das macht man freilich nicht nur, weil hier alle im selben (Wirtschafts-) Boot sitzen und genau wissen, dass das Wohlergehen jedes Einzelnen vom ökonomischen Erfolg des Landes abhängt. Die durch und durch kooperative Führung wird auch deshalb von allen geschätzt, weil für die Schweden das Leben so viel wichtiger ist als das Arbeiten. Gerade deswegen ist es wichtig, dass es bei der Arbeit menschlich zugeht. Wenn ein alleinerziehender Vater ein paar Tage lang seine vierjährige Tochter mit ins Büro bringt, weil der Kindergarten wegen einer Masern-Epidemie geschlossen ist, dann wird das als völlig normal angesehen und die Kollegen bringen der Kleinen ihren Nachtisch aus der Kantine mit. Ebenso kann es passieren, dass einem im Büro der Buchhalterin unversehens ein Kaninchen entgegen hoppelt. Wenn es doch gerade operiert wurde – so etwas versteht jeder. In der schwedischen Geschäftskultur gibt es viele Freiräume für die Mitarbeiter, die auch gern in Anspruch genommen werden. Gibt es doch jedem das Gefühl, er werde nicht nur als Name auf der Payroll und als Funktionsträger „XY" anerkannt, respektiert und wertgeschätzt, sondern eben auch als Lars und Lisa. Eben als Mensch.

Dieses Denken durchtränkt die gesamte Businesskultur in Schweden wie ein in Kaffee getauchter Pepparkaka (den weihnachtstypischen Keks, an dem man im Dezember nirgendwo vorbeikommt), vom Zwei-Mann-Betrieb über die Regierungsbehörde bis hin zum Konzern mit Zehntausenden von Mitarbeitern. Das Individuum, das hinter jeder Funktion steht, soll beachtet und respektiert werden – so wollen es die Schweden haben. Damit sich jeder an seinem Arbeitsplatz so wohl wie möglich fühlt, wird dieser gern mit persönlichen Besitztümern wie Fotos, Urlaubspostern, Tassen mit dem Namenszug und Kinderzeichnungen ausgestattet. Das macht es erst gemütlich, finden Schweden, und wo es fast so aussieht wie im eigenen Zuhause, da arbeitet man gern.

Schwedens Chefs wissen, wann ihre Mitarbeiter Geburtstag haben – und was sie sich wünschen

Aus schwedischer Sicht ist ein Mitarbeiter im Unternehmen zuerst und vor allem er selbst. Lars Svensson, 26, ledig, Single, keine Kinder, begeisterter Wintersportler und Besitzer eines hellblauen Oldsmobile, das nur im Sommer spazieren gefahren wird. Lisa Svensson, 42, verheiratet, Mutter zweier halbwüchsiger Söhne, die sie vor mindestens genau so große Herausforderungen stellen wie die Finanzierung des neuen Produktionswerks, die sie augenblicklich auf die Beine zu stellen versucht. All das und noch manches mehr müssen die Chefs nach fester Überzeugung von Lars und Lisa und ihren Kollegen wissen. Denn, klar, der Mitarbeiter ist zwar „nur" ein Rädchen im komplexen System Unternehmen. Aber wenn sich dieses Rädchen langsamer dreht oder ausfällt, dann kann es gewaltig knirschen.

Weil sie ihren persönlichen Wert über den ihres Unternehmens stellen (zur Erinnerung: das Land hat lediglich 9,5 Millionen Einwohner), sind schwedische Mitarbeiter zwar loyal. Aber nicht im selben Maße wie Arbeitnehmer in Deutschland, wo der mit Stolz geäußerte Satz „Ich schaff' beim Daimler" fast ebenso legendäres Ansehen gewonnen hat wie das „My country, right or wrong" des deutsch-amerikanischen Staatsmanns Carl Schurz.

Nein, wenn schwedischen Arbeitnehmern etwas missfällt oder gegen ihre Prinzipien verstößt, dann sagen sie das auch. Klar und direkt, ohne Umschweife, Gestammel und ohne buntes Papier darum zu wickeln. Sie bringen ihr Unbehagen ihrem Vorgesetzten zu Gehör, sie tauschen sich mit ihren Kollegen aus, und sie reden selbstverständlich auch außerhalb der Firma darüber. Nicht etwa, weil sie zur Schwatzhaftigkeit neigen. Sondern weil sich etwas ändern soll. Und zwar snart (schnell).

Wenn sich nichts an einem von ihnen kritisierten Zustand verändert, dann verlieren sie die Geduld und verändern sich selbst. Sie kündigen einfach. Selbst wenn sie noch keinen neuen Arbeitsvertrag in der Tasche haben. Denn gut ausgebildete, motivierte und mobile Arbeitnehmer finden auch in Schweden rasch eine neue Stelle, und falls nicht, dann hilft der Sozialstaat eben bei der Überbrückung. Ob zu Recht oder zu Unrecht: Professionelle Selbstsicherheit ist den Angehörigen eines 9,5 Millionen-Volkes in die Wiege gelegt.

Kündigen? Nicht ohne neuen Vertrag!

Ein Arbeitnehmer in Duisburg oder Nürnberg wird nur in einem sehr gut begründeten Ausnahmefall seine Stelle kündigen, ohne einen zeitlich unmittelbar anschließenden Arbeitsvertrag in der Tasche zu haben. Denn die ökonomische Sicherheit hat einen hohen Stellenwert in Deutschland. Und da jeder Mitarbeiter weiß, dass die bloße Androhung einer Kündigung vom Vorgesetzen in der Regel als Erpressungsversuch gewertet wird, verschweigt er seine Wechselabsicht oft bis zum letzten Tag. Schweden sollten daher auf einem Chefposten in Deutschland stets den echten Grad der Zufriedenheit ihrer Mitarbeiter in Erfahrung zu bringen suchen. Am besten ist es, sie ohne Umschweife danach zu fragen.

Auch wenn sie es nicht gerne zugeben: In dieser Beziehung bedauern die Schweden ein wenig ihre Kollegen in bevölkerungsreichen Ländern. Ihren Druck, sich stets und ständig in einer riesigen Konkurrenz nach vorne spielen zu müssen, um nur ja nicht hinten herunter zu fallen. Die strikte Trennung von Arbeits- und Privatleben, was in Wahrheit hinter dem Ruf nach einer ausgewogenen Work-Life-Balance steht. Ihre oft spürbare Frustration, nicht wirklich mitentscheiden zu dürfen. Ihr automatisches Denken in Gewinner- und Verliererkategorien. Ganz ehrlich: Schweden finden das absolut unpassend. Für sie ist das Mitmachen wichtiger als das Gewinnen, denn in ihren Augen ist jeder ein Gewinner, der sich mit seinem Job selbst versorgen kann, der seine Arbeit gut macht und der Teil einer erfolgreichen Gemeinschaft ist. Und sie setzen alles daran, um diese Philosophie auch ihren deutschen Geschäftspartnern zu vermitteln.

3 Do it the smart way

Wer in Schweden gute Geschäfte machen will, muss am Ball bleiben

Alles schien wie am Schnürchen zu laufen. Die Kontaktaufnahme zum Vertriebspartner in Stockholm war gelungen, der Heizkörper-Produzent aus Halle hatte sich mit ihm getroffen, das Gespräch war sehr erfreulich, nur noch wenige, aber leider nicht so leicht zu beschaffende Daten mussten nachgereicht werden. Während sich die Geschäftsmänner zum Abschied die Hände schüttelten, versprach der Deutsche, die offenen Fragen schnellstens zu klären. „In spätestens sechs, acht Wochen komme ich zurück", versicherte er, „und dann machen wir Nägel mit Köpfen."

Pflegen Sie Ihre Geschäftskontakte gut – das ist erfolgsentscheidend

Zwei Monate später flatterte dem Schweden ein dickes Konvolut aus Sachsen auf den Schreibtisch. Inhalt: Eine Kopie der Patentschrift, die auf den neuesten Stand gebrachten technischen Produktspezifikationen, erste Medienveröffentlichungen und ein Vertragsentwurf über die „vor einigen Wochen intensiv diskutierte" Vertriebskooperation in Nordeuropa. Kopfschüttelnd legte der Vertriebsingenieur aus Stockholm die Papiere auf die Seite. Weil er seit dem Besuch des Deutschen kein Wort mehr von ihm gehört hatte, war er davon ausgegangen, dass sich die Sache längst erledigt hatte. Er jedenfalls hat sie nicht mehr auf dem Schirm. Damit war sie nun endgültig erledigt.

Wenn Sie sich angesichts der Kapitelüberschrift verwundert gefragt haben: „Seit wann muss man bei Geschäften in Deutschland nicht am Ball bleiben?", dann lautet die Antwort: Klar muss man das, ganz ohne Zweifel. Die Zusammenarbeit mit einem schwedischen Geschäftspartner verlangt jedoch noch mehr und noch intensivere Kontaktpflege, als es ein jede Menge Bälle in der Luft haltender Landsmann aus Deutschland erwarten würde. Ein, zwei Anrufe oder auch E-Mails zwischendurch hätten dem potenziellen Partner den Zwischenstand und das Gefühl gegeben, dass dem deutschen Unternehmer nach wie vor an einer Zusammenarbeit mit ihm gelegen sei. Stillschweigen wird jedoch in Schweden so interpretiert: Aus den Augen, aus dem Sinn.

In Schweden gehen manche Uhren anders. Ohne ein neues Produkt, ein attraktives Angebot, brandaktuelle Informationen oder zumindest einen anderen seriösen „Aufhänger" tritt man in Deutschland nicht an einen Geschäftspartner heran. Jeder weiß das, und in Schweden weiß man eben: In diesem Land ist das nicht der Fall. Selbst langjährige und stabile Kontakte wollen regelmäßig auf dem Laufenden gehalten werden, und sei es auch nur durch einen raschen Anruf mit der freundlichen Frage nach dem Befinden. Mehr Inhalt muss gar nicht sein. Wichtig ist das bekundete Interesse am Geschäftspartner. Damit macht man ihn sich gewogen, oder auf gut Deutsch: Man hält ihn sich „warm".

Kontaktpflege sorgt in Schweden für gute Geschäfte

Schwedische Unternehmer und Manager stehen mit ihren Geschäftspartnern in ständigem Kontakt. Dafür sorgen schon die Lieferanten, Dienstleister und Berater selbst: Mit regelmäßigen Anrufen oder Mail, stellen sie sicher, dass die Geschäftsbeziehung auf sicheren Füßen steht. Nach jedem Meeting, zu dem ein Kunde eingeladen hat, nach jedem verabredeten oder zufälligen Treffen wird telefonisch oder schriftlich nachgesetzt: Vielen Dank für das Gespräch, auf Schwedisch: „Tack för senast" (wörtlich: „Danke für das letzte Mal, als wir uns getroffen haben" oder „Danke für neulich").

Schön, dass wir uns getroffen haben! Wie hat es Dir denn gefallen? Eine Verbindung zu halten, ist in Schweden extrem wichtig – selbst wenn es keinen konkreten Anlass für ein Telefonat gibt. Viele Deutsche tun sich schwer damit, weil sie solch enge, fast schon freundschaftliche Geschäftsbeziehungen von zu Hause nicht kennen. Dort sagt man sich: Wieso soll ich anrufen, es ist doch nichts passiert, alles läuft wie vereinbart. Die Kunden kennen das, und es macht ihnen nichts aus. In Schweden hingegen macht es viel aus, wenn ein Kunde oder wichtiger Geschäftspartner allzu lange allein gelassen wird. Hier muss man sich immer wieder in Erinnerung bringen, immer wieder nachsetzen, vielleicht auch nur mal einen schönen Sommer wünschen oder einfach hören, wie es so geht.

Deutsche Geschäftsleute unterschätzen häufig die Klebekraft der Kontaktpflege in Schweden. Wie der Unternehmer aus Sachsen: Er flog nach Hause mit dem Vorsatz, so schnell wie möglich die fehlenden Informationen zu besorgen, und das tat er tatsächlich. Doch was er bei aller Arbeit an der Sache vergaß, war die Festigung des persönlichen Drahtes zu seinem Vertriebspartner in spe. Außerdem wusste er offenbar nicht, dass Schweden in Geschäften einen pragmatischen Ansatz verfolgen: Man hat eine Idee, lässt einen Versuchsballon steigen – funktioniert es, ist es gut. Wenn es nicht funktioniert, macht man den nächsten Test. Und dann den übernächsten und notfalls noch einen – irgendwann wird es schon klappen. Und weil man stets von sich und seiner eigenen Denkweise ausgeht, hatte der Schwede den Erstkontakt nach kurzer Zeit ad acta gelegt. Der Ballon schien geplatzt; der Unternehmer hatte sich wohl anders entschieden.

In Schweden ist es extrem wichtig, die Verbindung zu seinen Geschäftskontakten zu pflegen. Ein Unternehmer oder Manager ist erstaunt, wenn sein Gewährsmann erst etwas zusagt, dann lange nichts von sich hören lässt und vielleicht nach drei Monaten die versprochenen Informationen oder die Antwort auf eine knifflige Frage liefert. Perfekte Qualität, okay, aber Informationen wozu? Warum fangen wir nicht einfach an? Worauf und warum warten? Weil der Schwede in der Zwischenzeit nichts gehört hat, glaubt er die Sache sei erledigt und hat sie längst vergessen. Auf telefonische Nachfrage wird er das natürlich nicht zugeben, denn das wäre unhöflich. Nein: Er wird sich freundlich bedanken und vermutlich nie wieder melden.

Wie rettet man eine eingeschlafene Geschäftsbeziehung?

Was kann man da machen? Wie kann man den so hoffnungsvoll eingeleiteten Kontakt reanimieren? Geht das überhaupt? Aber ja: Mit Geduld und gutem Willen geht vieles. Was zu tun ist: Anrufen, sein

Schweigen erklären, nachhaken, hinfliegen, nicht locker lassen. Und hieraus fürs nächste Mal lernen. Auf dem schwedischen Platz muss man enger am Ball bleiben als auf dem deutschen Spielfeld.

Umgekehrt ist anhaltendes Schweigen des schwedischen Geschäftspartners ein starkes Signal: Hier droht etwas anzubrennen oder es ist bereits passiert. Wenn sich der Schwede nicht meldet, dann ist irgendetwas im Busch. Dann denkt er ans Aussteigen, dann ist er womöglich schon ausgestiegen, und dann kommt er auch nicht wieder zurück. Retten kann der Deutsche die Geschäftsverbindung dann nur noch durch das offene Ansprechen seiner Besorgnis: „Habe ich etwas falsch gemacht? Was kann ich tun, um die Sache ins Reine zu bringen?“ Diese Methode klappt meistens allein schon deshalb, weil sie dem uralten Klischee des rechthaberischen Deutschen widerspricht und den Schweden ins Grübeln bringen wird. Solch freundliche Hartnäckigkeit hatte er dann doch nicht erwartet. Ob er es nicht doch noch mal versucht?

Gemeinsamkeit zählt: Deutschen und Schweden ist wichtig, was am Ende heraus kommt

Das stärkste Argument, das der deutsche Geschäftsmann auffahren kann, ist die Betonung des gemeinsamen Interesses. Denn ebenso wie Deutsche legen auch Schweden Wert auf positive Resultate. Zwar ist die Art und Weise, wie man hier und dort zu einem befriedigenden Ergebnis kommt, recht unterschiedlich. Doch beide wissen, dass am Ende nur das zählt, was unter dem Strich steht. Und darauf kommt es an. Ein sicheres Merkmal dessen ist die in beiden Ländern relativ gesehen gute Wirtschaftslage, der selbst die Finanzkrise scheinbar nicht sonderlich viel anhaben konnte. Im Hinblick auf die strikte Ergebnisorientierung stehen sich Schweden und Deutsche sehr, sehr nahe. Wie auch, das darf in aller Bescheidenheit hinzugefügt werden, im fleißigen Bemühen, ein möglichst gutes Ergebnis zu erzielen.

„Mehr Gemeinsamkeiten als Unterschiede“

Meine erste richtige Begegnung mit der deutschen Geschäftskultur hatte ich 1996, als mir die Verantwortung für eine Abteilung des Zugherstellers AdTranz in Henningsdorf bei Berlin übertragen wurde. Ich weiß daher, dass die Unterschiede zwischen der schwedischen und der deutschen Kultur bei ersten Kontakten bisweilen zu Missverständnissen führen können. Dies gilt vor allem für den Grad der Förmlichkeit im Umgang miteinander. Zu spüren ist das schon bei den morgendlichen Grußworten im Büro: in Deutschland ein herzliches, aber förmliches „Einen schönen guten Morgen, Frau Müller.“ In Schweden ein deutlich weniger steifes „God morgon, Susanne“, das durch den Korridor gerufen wird.

Der schwedische Geschäftsmann kann als zu vertraulich erlebt werden und als jemand, der nicht genug Respekt zeigt, was in der deutschen Kultur wichtig ist. Dennoch kann ich bezeugen, dass die schwedische Gemütsart sehr geschätzt wird. Schweden und Deutschland können durch einen stärkeren Austausch zwischen unseren Ländern sehr gewinnen, und ich finde, dass die Ähnlichkeiten die Unterschiede überwiegen. Wir haben dieselbe Art, Probleme anzugehen und Möglichkeiten zu sehen. Auch beim Vorantreiben von Geschäften und Prozessen gehen wir ähnlich vor. Beide Seiten übernehmen Verantwortung, und wenn man gesagt hat, dass man etwas tun wird, dann wird man dies tatsächlich tun.

Mein wichtigster Rat an Deutsche, die in Schweden Geschäfte machen wollen, lautet, sich über das Land zu informieren. Hilfreich ist auch, seine eigenen Werte einmal außen vor zu lassen und sich Zeit zu nehmen, um zuzuhören und zu versuchen, die Denkweise der Schweden zu verstehen. Der in Schweden übliche weniger förmliche Umgang ist kein Ausdruck dafür, dass es an gegenseitigem Respekt mangelt. Vielmehr ist er oftmals eine Art, Vertrauen zu zeigen.

Wenn ich Schweden, die in Deutschland Geschäfte machen wollen, einen entsprechenden Rat geben soll, dann den, die deutsche Sprache zu lernen. Wenn man ein klein wenig Deutsch spricht, kommt das sehr gut an. Ich selbst bitte immer darum, Deutsch sprechen zu dürfen, wenn ich Deutschen begegne, und bei meinen Reisen achte ich darauf, häufig deutsche Zeitschriften zu lesen oder einen deutschen Nachrichtensender einzuschalten, wenn ich das Hotelzimmer betrete. Das ist wichtig für mich, damit meine Sprachkenntnisse nicht einrosten. Außerdem kann ich mich so auch über die Geschehnisse im Land auf dem Laufenden halten.

Olof Persson, President & CEO Volvo, Göteborg

Anders als viele deutsche Geschäftsleute, glaubt sein schwedischer Kollege, dass nicht nur einer, sondern viele Wege nach Rom führen. Sprich: Dass man ein angepeiltes Ziel so oder so erreichen kann. Während sich der Deutsche vor Reiseantritt gründlich überlegt, welcher Weg der beste ist und konsequent auf diesem losmarschiert, ventiliert der Schwede gar nicht so selten eine Vielzahl von Ideen oder er setzt mehrere Teams auf alternativen Routen in Gang. Er denkt nämlich, dass sich im Laufe der Zeit schon zeigen wird, welcher Weg der richtige ist. Normalerweise tut es das auch. Und ist es schlussendlich nicht auch zweitrangig, ob man die Lösung in einem mehrtägigen Workshop, in einer Konferenz, auf dem Golfplatz oder in der Kaffeepause findet? Hauptsache ist doch, dass man eine Lösung hat. Wie man zu ihr gekommen ist, spielt für den Schweden keine Rolle. Solange sich alle einig sind, dass das Ergebnis gut ist, fragt niemand danach, wie es zustande gekommen ist.

Das schwedische Modell: Vertraue Deinem geschäftlich Nächsten ebenso wie Dir selbst

Ein anderer glitschiger Stein, auf denen ein deutscher Geschäftsmann in Schweden leicht auszurutschen droht, trägt in unsichtbarer Schrift das Wort „Kontrolle“. Damit haben die Schweden im tiefsten Inneren massive Probleme. Ihre Grundüberzeugung lautet: Als 9,5-Millionster Teil des Volkes stehe ich in der selbstverständlichen Pflicht, an jedem Platz mein Bestes zu geben. Da bedarf es doch keiner Kontrolle! Im Gegenteil: Wenn ich mich beaufsichtigt fühle, dann setzt mein Geschäftspartner, Vorgesetzter oder Kollege offenbar kein Vertrauen in mich, und das stimmt mich traurig, kränkt mich vielleicht sogar. Das empfinde ich als offene Zurückweisung meiner Leistungsbereitschaft und meiner Person, so dass ich ungehalten reagiere und die Lust verliere.

Schwedische Chefs sind mit dieser Mentalität vertraut, denn sie entspricht ihrer eigenen. Offenheit, Vertrauen in die Mitarbeiter und maximale Beteiligung nach dem Prinzip Bottom-up gehören daher zu den obersten schwedischen Führungsprinzipien. Warum auch nicht? Wie man anhand der Wirtschaftsdaten sieht, muss ein hohes Maß an Vertrauen in seine Geschäftspartner und Mitarbeiter der nationalen Leistung keinen Abbruch tun. Und gewährtes Vertrauen erfüllt zwei Grundbedürfnisse von Menschen: weitgehend selbst über die Art bestimmen zu dürfen, wie man seine Aufgaben erledigt, und ohne Vorbedingung als leistungswilliger Mensch wertgeschätzt zu werden.

Dieser extrem stark von Zutrauen in die Mitarbeiter bestimmte Umgang findet übrigens in Europa mehr und mehr Freunde. Wenn in der Brüsseler EU-Zentrale eine Stelle frei wird, die bei einem Schweden angesiedelt ist, dann bewerben sich viel mehr Menschen darauf als für die Arbeit für einen Angehörigen einer anderen Nationalität. Und von dem Personalchef eines Weltkonzerns weiß ich, dass Schweden zu den begehrtesten Wunsch-Auslandsstationen gehört. Warum wohl? Bestimmt nicht wegen des Klimas.

Als Schwede ist man sich der hierzulande gepflegten ergebnisorientierten, aber lockeren Kommunikation und Führung bewusst. Man weiß, dass dieser Stil international sehr positiv bewertet wird, ist stolz darauf und bemüht sich, das in ihn gesetzte Vertrauen zu rechtfertigen. Und das führt dann zu den bekannt guten Ergebnissen.

Das deutsche Modell: Mach es selbst, mach es gleich, mach es richtig

Die positiven Resultate kommen in Deutschland ebenfalls, aber anders zustande. Hier werden Entscheidungen meist Top-down getroffen und umgesetzt, stringent, zuweilen direktiv. Dafür ist er schließlich der Chef, denkt der Deutsche, die Lösungsfindung ist sein Job, dafür wird er bezahlt. Entsprechend unsicher fühlt er sich, wenn er vor mehreren denkbaren Handlungsvarianten steht, deren Erfolgswahrscheinlichkeit er nicht sofort einschätzen kann. Das kann ihn Nachtschlaf kosten – aber einfach seine Leute zu befragen, ist für die meisten Vorgesetzten undenkbar. Im Unterschied zu ihrem schwedischen Kollegen, der damit überhaupt kein Problem hat: Höchstwahrscheinlich wird er sogar alle in dieser Angelegenheit kundigen Mitarbeiter und Kollegen zu Rate ziehen und anschließend einen Korridor möglicher Lösungen auf dem Tisch haben. Und dann kommt der Pragmatiker in ihm durch. „Versuchen wir es so“, sagt er, läuft es gut, ist das wunderbar, läuft es nicht gut, versucht er es eben anders. Irgendwie wird es schon funktionieren. Deutsche können das kaum glauben. Für sie löst sich gar nichts von allein. Wie bereits beschrieben für Schweden schon: „Det ordnar sig!“ Es wird schon klappen.

Jeder soll in die Entscheidung eingebunden werden

Das wiederum macht Deutschen häufig Kopfschmerzen. Als Führungskraft glauben sie, selbst und allein für die Lösungsfindung zuständig zu sein. Einen Kollegen oder gar einen Mitarbeiter zu fragen, halten sie für ein Zeichen von Hilflosigkeit, und als hilfsbedürftig möchte niemand gelten, weil dies zwischen Aachen und Görlitz möglicherweise als Schwäche gewertet wird. Ein guter Rat für schwedische Unternehmer und Führungskräfte, die in Deutschland Geschäfte machen wollen, ist es daher, selbstsicher und bestimmt aufzutreten. Das erwartet man von ihrer Rolle!

Viele Schweden kostet dies Überwindung, denn es entspricht weder ihrer Tradition noch ihrem Naturell. Aber die in Schweden übliche Art, alle mitreden zu lassen und möglichst jeden ins Boot zu holen, stößt in Deutschland oft auf Verwirrung und Verständnislosigkeit, ja, zuweilen auch auf Spott seitens der Kollegen. Deutsche fragen sich bei diesen ewigen Diskussionsrunden (,die gern als „Labermeetings“ abgetan werden): Kann der nicht allein entscheiden? Muss die jetzt unbedingt noch diesen und jenen um seinen Kommentar bitten? Die Antwort heißt jedes Mal „Ja!“. In diesem Land ist das unumgänglich, denn es wird genau so erwartet.

Schwedische Führungskräfte, die eine Zeitlang in Deutschland gearbeitet haben, zerbrechen sich noch lange nach ihrer Rückkehr den Kopf darüber, warum ihr ständiges Bemühen um Einbezug und Einigung eher abschätzig als wohlwollend betrachtet wird. Dabei wollen sie es doch nur genauso machen wie zu Hause, wo dieses Verhalten der Standard ist.

Der „Augenzwinker-Trick"

In der deutschen Geschäftskultur wird großer Wert auf feste Strukturen, Prozesse und Formalismen gelegt, die sich in der Vergangenheit bewährt haben und darum selten in Zweifel gezogen werden. Für schwedische Manager ist das Neuland. Viele fühlen sich in ihrer gewohnten Arbeitsweise eingeengt, ihrer Kreativität beraubt, in eine ihnen nicht passende Rolle als Einzelkämpfer gedrängt und demzufolge unwohl und unsicher. Hier kann der „Augenzwinker-Trick" Wunder tun. Der funktioniert am besten gleich am Anfang, wenn sich der oder die Neue den Kollegen und Mitarbeitern vorstellt: „Wie Ihr wisst, komme ich aus Schweden. Bei uns macht man manches anders, als Ihr es in Deutschland gewohnt seid. Bestimmt nicht besser oder schlechter, nur eben anders." *(Augenzwinkern)* „Bei uns sagt man Du zueinander, und ich fühle mich auch am wohlsten, wenn ich Euch mit Du anreden kann. Ich finde, dann sagt sich ein offenes Wort leichter." *(Augenzwinkern)* „Wenn Ihr aber gern bei Herr Eriksson bleiben wollt, dann ist das auch okay. Ihr seid schließlich 50 Leute, ich bin nur einer. Es soll so gehen, wie Ihr Euch am besten fühlt. Überlegt Euch das in Ruhe. Und wer will: Ich bin der Lars." *(Kein Augenzwinkern!)*

Last but not least: Botschaften in einem interkulturellen Kontext mit einem Augenzwinkern herüberzubringen und erfolgreich zu verankern, funktioniert als Instrument ebenso gut in Schweden.

Liebe deutsche Manager, bitte glaubt das: Nur weil wir in Schweden viel miteinander diskutieren, jeden zu Wort kommen lassen und uns die Meinung jedes einzelnen wichtig ist, sind wir weder naiv noch blauäugig. Wir machen das, weil wir es so gewohnt sind und weil man dieses Verhalten bei uns und von uns erwartet. Bei uns ist das kein Zeichen von Schwäche, sondern von Stärke und Souveränität.

Und, liebe schwedische Manager, denkt bitte immer daran, dass Eure Kollegen aus Deutschland von klein auf mit Millionen anderen im

Wettbewerb stehen. Sicher nicht alle, aber viele von uns wurden zu Disziplin und Distanz erzogen und sind daher fest davon überzeugt, unserer Verantwortung am besten gerecht zu werden, wenn wir die Entscheidungen treffen. Das erwarten unsere Mitarbeiter von uns – es gilt als Zeichen von Stärke und Souveränität.

Es gibt kein Richtig und auch kein Falsch. Im deutschen Kontext ist das deutsche Vorgehen die einzige Lösung, die funktionieren wird – weil es jeder so erwartet. Und in Schweden ist es eben anders – weil jeder es so erwartet. Unsere Kulturen sind tief in unserem Rückgrat verankert. Es erfordert eine Menge interkulturelles Wissen und Verständnis für die Bedürfnisse der anderen, um sich im anderen Land ebenso perfekt bewegen zu können wie zu Hause.

Bis es soweit ist, können sich Deutsche und Schweden eines neutralen Mittlers und Dolmetschers bedienen. Dieser kann zu ersten Geschäftskontakten in Schweden und in Deutschland verhelfen, bereitet vor, vermittelt Treffen und kann auch die ersten Gespräche moderieren. Darin werden die interkulturellen Unterschiede auf jeden Fall offen angesprochen. Wenn kein Mittler anwesend ist, ist das noch wichtiger (Tipp: siehe Kasten „Augenzwinker-Trick“). Und damit sind beide Seiten vor den gröbsten Missverständnissen sicher.

Wie man Geschäftskontakte findet, knüpft, festigt und behält

Denken Sie nicht, dass nur weil in Schweden weniger Menschen als in Deutschland leben, die Kontaktaufnahme zu nordischen Unternehmen und Manager leichter sei. Ohne einen wohl begründeten Anlass ist das hier wie dort ebenso schwer. Am besten gelingt der Einstieg über Branchennetzwerke oder auf einem der zahlreichen Wirtschaftsforen, zu denen Verbände, Handelskammern, Wirtschaftsvereinigungen und -clubs in den Großstädten regelmäßig einladen. Man trifft sich, man plaudert miteinander, man tauscht Visitenkarten aus, man steht bei einem Kongresskaffee beieinander – all das funktioniert in Deutschland genauso gut wie in Schweden, in London oder in New York.

Große Unterschiede bei Präsentationen

Die typische Powerpoint-Präsentation eines deutschen Managers sieht häufig so aus: Gleich hinter dem Deckblatt kommt die Firmengeschichte, oft geschmückt mit dem Bild des Gründers, dann folgen die Kennzahlen des Unternehmens und sofort darauf das Organigramm des Managements, in dem das Kästchen farblich abgesetzt ist, in dem der Vortragende beheimatet ist. Spätestens nach drei Minuten sind die Zuhörer im Bilde und können den Einflussradius des Sprechers einschätzen. Hiervon unterscheidet sich die Präsentation eines schwedischen Managers ganz erheblich. Abgesehen davon, dass die Verwendung von Powerpoint nicht selbstverständlich ist, wirkt sie oft individuell zusammengestellt, und zwar speziell für den jeweiligen Anlass.

Schwedische Präsentationen sind eher selten standardisiert, sie werden nicht immer so gründlich vorbereitet wie in Deutschland, wobei durchaus einmal etwas ausgelassen werden kann. Aber dann kann der Zuhörer ja nachfragen, denkt der Schwede, und schon ist man im Gespräch. Was schließlich zu erreichen war. Auch nicht schlecht, der Trick.

Dagegen ist die unmittelbare Kontaktaufnahme zu einem Geschäftsmann in Schweden ein Stück weit schwieriger. Natürlich kann man einfach anrufen, meist bekommt man den gewünschten Ansprechpartner ohne Filter direkt ans Telefon. „Super“, denkt sich der Anrufer aus Deutschland und breitet seine Idee oder ein Angebot aus. Der Schwede wird aufmerksam lauschen und zusichern: „Okay, das klingt interessant. Ich denke darüber nach. Du hörst von mir.“ Der Deutsche freut sich und glaubt, die größte Hürde überwunden zu haben. Weit gefehlt: In Wahrheit hat der Schwede nur freundlich zugehört. Daraus lässt sich noch keine verbindliche Reaktion ableiten. Der Geschäftsmann muss weiter am Ball bleiben – wie eingangs beschrieben.

Selbstsicheres und forsches Vorgehen, das in Deutschland oft mit stiller Bewunderung quittiert wird, stößt in Schweden auf Ablehnung. Der Schwede stellt sich nicht gern in den Mittelpunkt, und schon gar nicht weist er seine Umwelt darauf hin, dass er im Mittelpunkt zu stehen hat. Zurückhaltung ist oberstes Gebot, jedes andere Verhalten würde Befremden hervorrufen. Entsprechend leise ist die Körpersprache. Anders als in den Ländern Südeuropas verwenden Schweden kaum Gesten, auch die Mimik bleibt neutral, was das Gegenüber denkt und fühlt, ist kaum ablesbar. Wenn ein Schwede aufgebracht ist, kann man ihm das nicht unbedingt ansehen. Höchstens rutscht er etwas unruhig auf dem Stuhl und redet höflich um die Vereinbarung des nächsten Treffens herum. Um zu erkennen, ob man ihm auf die Füße getreten ist, muss man gründlich nachbohren: Habe ich dich richtig verstanden? Ist es wirklich so? Was kann ich noch für Dich tun? Und wenn sich dabei herausstellt, dass man etwas falsch gemacht hat, dann gibt es nur eines: Sich direkt und offen dafür entschuldigen: „Sorry – mein Fehler." Auch wenn ein Mitarbeiter oder ein Zulieferer die Schuld daran trägt: Das Team kann nichts dafür. Beim schwedischen Kunden oder Kooperanden entschuldigt sich sein Geschäftspartner selbst für alles, was schief gelaufen ist – und zieht den oder die Verantwortlichen später intern zur Rechenschaft.

Deadlines sind heilig

Wenn ein deutscher Kunde zeitliche Vorgaben macht und sein schwedischer Partner darauf eingeht, dann muss die vereinbarte Deadline auch zwingend gehalten werden. Immer wieder laufen telefonische Anfragen wie diese in der Handelskammer auf: „Wir wissen zwar, dass die Deadline für die Angebotsabgabe heute abläuft, aber wir sind noch nicht ganz fertig. Ist es in Ordnung, wenn wir das Angebot übermorgen schicken?" Nein, das ist nicht in Ordnung. Der Schwede mag noch so fest davon überzeugt sein, dass zwei Tage absolut im Rahmen seien: In Deutschland ist der vereinbarte Termin unumstößlich. Wer sich daran nicht hält, kickt sich ins Aus.

Die Uhren auf der ganzen Welt laufen nach der koordinierten Weltzeit UTC. Gefühlt leben Schweden freilich in einem Raum-Zeit-Kontinuum. Vom Kopf her haben sie das mitteleuropäische Kurzfrist-, Mittelfrist- und Langfristdenken verinnerlicht, doch ihr Bauchgefühl verlangt nach Freiheit und größtmöglicher Flexibilität. Ein fester Termin ist für sie eine anstrebenswerte Idee, aber wenn es nicht geht, dann geht es eben nicht. Dann geht es eben anders. Irgendwie wird es schon gehen. In Deutschland gibt es dafür ein treffendes Sprichwort: Nichts wird so heiß gegessen, wie es gekocht wird. Das wird schon. „Det ordnar sig."

Eine Szene am Pool illustriert die gegensätzliche Mentalität am besten: Während der Deutscher kontrolliert die Stufen hinab steigt und sich dabei ständig mit kalten Wasser beklatscht, um keinen Kälteschock zu bekommen, hüpft der Schwede fröhlich und unbekümmert von der Seite her ins Wasser. Es wird schon nicht so kalt sein.

Getreu dieser Devise betrachten Schweden ein privates oder geschäftliches Risiko nicht zuerst von der bedrohlichen Seite, sondern als Chance auf Verbesserung. Schließlich beinhaltet es ja immer beides, nicht wahr? In schwedischen Augen überwiegen die positiven Aussichten. Schweden sind Neuem gegenüber sehr aufgeschlossen. Sie gehen optimistisch an ein verheißungsvolles Vorhaben heran. Sie bleiben nicht wie ein Kaninchen starr vor der Schlange sitzen, sondern unternehmen unverzüglich einen Fluchtversuch. Klappt es, ist es gut. Wenn nicht: nun ja. Eine Nation voller risikofreudiger Menschen? Angesichts der Tatsache, dass sich jeder Schwede seine private Altersvorsorge selbst an der Börse verdienen muss, ist diese Aussage nicht völlig von der Hand zu weisen.

„Bescheidenheit ist eine Zier" – das gilt in Schweden ohne Nachsatz

Auf diese unbestreitbare Tugend jedoch würde kein Schwede von sich aus hinweisen. Selbst-PR und Werbegetrommel in eigener Sache sind gesellschaftlich geächtet. Weil die meisten Deutschen es von Hause aus gewohnt sind, finden sie überhaupt nichts dabei, wenn jemand demonstrativ auf sich und sein Können oder seine Leistungen hinweist. Einem Schweden aber gefällt es gar nicht, wenn sein Gegenüber ständig mit dem Finger auf sich selbst deutet und darauf hinweist, was er alles weiß, kann und besitzt. Das deutsche Wort „Besserwisser" ist tatsächlich in den aktiven schwedischen Wortschatz eingegangen!

Nur nicht auffallen!

Teure Autos, seltene Uhren und edle Füllfederhalter, echte Statussymbole mithin, sind in Büros und anderen Werkstuben in Schweden eher verpönt. Zweifellos könnte sich so mancher Chef einen nagelneuen Porsche leisten. Aber er wird sich hüten, damit zur Arbeit zu fahren! Denn mit „Vorführwagen“ und der demonstrativen Zuschaustellung begehrter Konsumgüter könnte man ja den Neid der Kollegen wecken, und das will der Schwede auf jeden Fall vermeiden. Überdies: Ein stolzer Besitzer von Dingen, die andere auch gern haben möchten, stellt sich damit in seinen Augen über die Kollegen, und auch das ist ein Tabu zwischen Gällivare im Norden und Ystad an der Südküste.

Im bilateralen Geschäftsleben kann das zu Schwierigkeiten führen. Selbst wenn der Deutsche mit dem optimalen, dem ultimativen, dem nach Lage der Dinge unschlagbaren Vorschlag oder Produkt nach einem Kooperationspartner in Schweden sucht, tritt er besser bescheiden auf. Er ist besser als andere? Billiger als andere? Schneller als andere? Sein Erzeugnis bietet mehr Funktionen oder höherer Qualität als alles, was bisher auf dem Markt ist? Das sollte man mit keiner Silbe erwähnen. Stattdessen lässt man Zahlen oder die Kunden sprechen: Mit Absatzstatistiken, Vergleichsstudien, objektiven Bewertungen und Referenzen gewinnt man in Schweden mehr Aufmerksamkeit als mit vollmundigen Werbeaussagen.

Auch das ist in Deutschland anders. Wer hier etwas anbieten möchte, muss alle Vorzüge und Unterschiede gegenüber Konkurrenzprodukten deutlich herausstellen. Aus ihrer eigenen Tradition heraus gehen Schweden oft viel zu defensiv vor. „Was möchten Sie?“, fragt der Deutsche freundlich. „Ich habe hier ein Produkt“, antwortet der Schwede, „von dem wir glauben, dass es ganz gut sein könnte.“ Mit dem nächsten Satz jedoch – der in Schweden eine Pflichtübung ist! – schießt er sich in Deutschland ins Knie: „Wir wissen natürlich, dass es andere Lösungen gibt. Die sind sicher auch sehr gut.“ Der Deutsche ist jetzt irritiert: Warum sagt der das? Will der mir etwa gar nichts verkaufen? Sicherheitshalber (!) fragt er noch einige Details ab. Wie sicher ist das Produkt? Erfüllt es die EU-Normen? Wie hoch ist der Co2-Ausstoß? Welche Hinweise liefert die Risiko-Umfeldanalyse? Kann ich mal die SWOT-Analyse sehen? „Da bin ich mir jetzt ein bisschen unsicher“, sagt der grundehrliche Schwede, „aber ich frage meine Kollegen, und dann komme ich wieder auf Sie zu.“ Dann denkt der Deutsche empört (aber er sagt es natürlich nicht): „Was ist das denn? Will mir etwas verkaufen und hat seine Hausaufgaben nicht gemacht.“ Und dann wundert sich der Geschäftsmann aus Malmö, warum das Gespräch sehr bald beendet ist ...

„Lasst uns gemeinsam singen!“

Deutschland ist sehr hierarchisch strukturiert. Die „Office Politics“ sind viel wichtiger als in Schweden, und der Chef ist normalerweise nicht „zum Anfassen“ – schließlich muss er sein Gesicht wahren. Vielfach schafft der Status bewusst Distanz, siehe Dienstwagen mit Fahrer, siehe die Vorzimmerdame, die den Manager vor unerwünschten Störungen schützt. Der deutsche Chef entscheidet selbst, und sehr oft ist das sogar schriftlich verfasst.

Die Querkommunikation auf unterer Ebene ist in Deutschland normalerweise sehr schwierig. Der eigene Bereich wird wie eine Festung kontrolliert und verteidigt. Der Chef will alles überwachen und zweifelt an der Effizienz, wenn unautorisiert kommuniziert wird. Schweden werten das dann so: Wir werden nicht zur Lösung der gemeinsamen Aufgabe eingeladen. Überhaupt wird in Deutschland strenger geführt und die Mitarbeiter weniger eingebunden.

Während das deutsche Modell auf den Fortschritt durch Streit setzt, betont das schwedische Modell die Gemeinsamkeiten und den Kompromiss. Die Entscheidungsfindungsprozesse sind oft chaotisch und kreativ, und stets gehen ihnen Diskussionen voraus. Danach weiß ein Deutscher nicht immer, was überhaupt entschieden ist. Während das allen schwedischen Beteiligten klar ist, sucht der Deutsche verzweifelt nach der Dokumentation der Entscheidung – die es natürlich nicht gibt.

In Deutschland ist alles geregelt und geordnet. Das bedeutet: Alles dauert. Dafür sind die Deutschen schneller und präziser in der Umsetzung. Schweden verpassen oft die Zeitvorgaben oder es ist nur zu 95 Prozent fertig.

Beide, Deutsche und Schweden, singen gerne und sollten das viel öfter zusammen tun. Bei „Rolling Home", „Märkische Heide" oder „Helan går" wird die Stimmung meist ganz ausgezeichnet.

Lars G. Josefsson, ehemaliger Konzernchef Vattenfall, Stockholm

In Schweden ist es vollkommen in Ordnung, Nicht-Wissen zuzugeben und zur Klärung fehlender Angaben einen Kollegen oder eine Mitarbeiterin hinzuziehen. Denn wenn er den Eindruck wecken würde, er sei omnikompetent bzw. wisse alles, könne alles, dann würde er gegen das Gebot der Zurückhaltung verstoßen und seine Vertrauenswürdigkeit im Team riskieren. Denn niemand kann alles wissen und können. Deshalb darf sich kein Geschäftsmann selbst loben; es wäre unrealistisch, und Schweden sind Pragmatiker. Die Anerkennung gebührt immer nur den anderen. Etwa so: „Meine Kollegin (in Wahrheit ist es natürlich seine Mitarbeiterin) Lisa weiß in dieser Angelegenheit ganz hervorragend Bescheid. Sie sollten unbedingt mit Lisa sprechen. Lisa kann das spitze, sie ist die Beste in unserem Team." Von anderen darf man das sagen, aber um Himmels willen nicht von sich selbst.

Als Konsequenz dieses im Kollektiv verhafteten Denkens sitzen in bilateralen Meetings weitaus häufiger mehr Schweden als Deutsche. Weil ein schwedischer Geschäftsführer weiß, dass seine Geschäftspartner aus Deutschland gründlich nachfragen und alles immer ganz genau wissen wollen, nimmt er Frida, die Forschungsleiterin, Claes, den Entwickler, und sicherheitshalber auch noch Anna, die Programmiererin mit in die Runde. Weil er denkt: „Das sind die Experten im Feld, sie können am besten Rede und Antwort stehen." Aber der Deutsche denkt anders: „Jetzt sitzt schon der Geschäftsführer vor uns, und dann weiß der noch nicht einmal die Antworten, sondern muss seine Leute dazu nehmen. Was ist denn das für ein Laden?!"

Deutsche haben keinen Konflikt mit dem Konflikt, aber Schweden mögen es harmonisch

Das ist nicht nur ein gutes Beispiel für das unterschiedliche Selbstverständnis von schwedischen und deutschen Managern, sondern auch für den Umgang mit schwelenden Konflikten. Die spricht man in Schweden ebenso wenig an, wie man offene Streitigkeiten austrägt. Auseinandersetzungen in jeder Form sind den Schweden verhasst. An vielen Verkaufsstellen, vor denen sich normalerweise die Kunden drängeln, sorgen Nummernzettel nicht nur für die gerechte Reihenfolge der Bedienung. Damit werden auch Konflikte vermieden, denn auf diese elegante Weise wird niemand zur Empörung und zu unnötigem Reden gezwungen: „Aber ich war doch vor Ihnen dran ...“

Wenn es Konflikte gibt – und die gibt es selbstverständlich überall, wo Menschen zusammenarbeiten –, setzt man sich zusammen und spricht über Verbesserungen in der Zukunft: Was muss passieren, damit sich alle wohl fühlen und mit Lust und Laune bei der Sache sind? Können wir irgendetwas anders, besser machen? Während man sich in Deutschland stark auf das Problem abstellt, fokussiert man in Schweden die Lösung, ähnlich wie in den Vereinigten Staaten: „Don't talk problems – talk solutions.“

Meetings in Schweden und Deutschland

Gruppenbesprechungen haben in Schweden einen gewaltigen Stellenwert, denn schließlich soll jeder Beteiligte mitreden und mitentscheiden dürfen. Also gibt es eine regelrechte Inflation an Meetings. Aber niemand stört sich daran, denn solche Treffen erfüllen die Grundbedürfnisse nach Gemeinschaft und einem allseits „abgenickten“ Resultat.

Seien Sie nicht überrascht, wenn sich Ihre schwedischen Kunden oder Mitarbeiter nicht sonderlich gründlich auf ein Meeting vorbereiten. Sie tun das nicht aus Faulheit, sondern um die volle Flexibilität im Prozess der Diskussion zu behalten, um sich nicht von vorne herein auf eine Position festzulegen, sondern um kreativ nach noch besseren Lösungen suchen zu können. Und sie wollen der Gruppe keine Ergebnisse vorwegnehmen.

Darum sind manchmal viele Besprechungen (und laufendes Nachfassen bei den vereinbarten Aufgaben) nötig, um sich auf eine Vorgehensweise zu verständigen. Für Nicht-Schweden ist oft nicht klar erkennbar, wann dieser Punkt erreicht ist. Irgendwann stehen alle auf, gehen an ihre Schreibtische zurück und jeder weiß, was zu tun ist. Ein „Magic Meeting"! Und der Deutsche rätselt, was denn nun verabredet worden ist ... In Arbeitsstunden umgerechnet, kann das ziemlich teuer werden. Doch am Ende steht ein stabiler Beschluss, der von allen mitgetragen wird. Und der lässt dann wieder die Kosten der Nacharbeit sinken.

In internen Meetings in Deutschland werden Entscheidungen selten ausführlich diskutiert, vielmehr werden sie den Anwesenden mitgeteilt. Wenn doch um Meinungen gebeten wird, dann oft, um den an anderer Stelle bereits betroffenen Beschluss auf Herz und Nieren zu überprüfen: Stehen alle dahinter? Oder ist mit Widerstand zu rechnen? Und aus welcher Ecke könnte der kommen?

Und wie immer gibt es nicht nur eine zielführende Lösung, sondern meist mehrere Wege. In der Regel einigt man sich auf einen Kompromiss. So gut wie nie kommt es in Schweden zu konfliktären Situationen, aus denen eine Partei als Sieger und die andere als Verlierer herausgeht. Selbst zu dem Preis, dass der gemeinsam erarbeitete Kompromiss nicht das Beste aller möglichen Resultate darstellt. Und sogar der gefundene Kompromiss ist nicht ein für allemal in Stein gemeißelt. Möglichweise findet sich ja noch eine bessere Lösung.

Es gibt nicht viele, aber wenige sehr bedeutsame Unterschiede zwischen den Geschäftskulturen in Deutschland und in Schweden. Mit der Zeit lernt man sie durch die Zusammenarbeit mit den Menschen im anderen Land kennen, keine Frage. Bis es so weit ist, empfiehlt sich ein offenes Herangehen an die interkulturellen Unterschiede – mit dem Kopf, dem Bauch und mit allen Sinnen. Man ist eben so, wie man geworden ist. Wenn man nicht nur weiß, sondern auch ein Gefühl dafür bekommen hat, warum sich der Schwede oder der Deutsche so anders als man selbst verhält, dann erst wird man sich oft seiner eigenen Prägung bewusst, versteht den anderen und beginnt, das eigene Denken und Handeln auf den Geschäftspartner abzustimmen. Man kann es nennen: sich ein Stück weit anzupassen. „That's the smartest way"!

„Nein, das geht nicht! Aber wie könnte es denn gehen?"

Auf meinem Bauernhof in Småland gibt es keine Zäune. Die Grünflächen und die Blumenbeete sind nicht eingefriedet. Ein mir unbekannter deutscher Tourist spazierte eines Tages mit seinem Kind einfach in meinen Garten hinein, um die Kaninchen in ihrem Gehege anzuschauen. Er hatte unabsichtlich meinen unsichtbaren Zaun nicht beachtet und damit meine Gefühle verletzt.

Unsichtbare Zäune und Grenzlinien gibt es auch im geschäftlichen Umgang zwischen Deutschen und Schweden. Es sind die kulturellen Unterschiede, die man kennen und respektieren lernen muss, um Missverständnisse zu vermeiden, jemanden unbeabsichtigt zu verletzen oder vor den Kopf zu stoßen.

Offenheit und Ehrlichkeit sind Eigenschaften, die ich bei Deutschen besonders schätze. Diese Offenheit aber kann auf unvorbereitete Schweden herausfordernd wirken. Bei Gesprächen im Kollegenkreis, in Diskussionen oder in Meetings beobachte ich immer wieder: Schweden diskutieren, bis sie „gefühlt" eine Einigung erzielt haben. Dieses Vorgehen ist sehr konsensorientiert. Dagegen führen Deutsche Auseinandersetzungen nicht selten zwar sachlich, aber durchaus hart und kontrovers. Dies ist keineswegs als persönlicher Angriff zu verstehen! Trotzdem fühlen sich Schweden in einer solchen Situation häufig eher unwohl.

Um sicherzustellen, dass bei einem Meeting die Entscheidungen von beiden Seiten gleichermaßen verstanden und beurteilt werden, habe ich gute Erfahrungen damit gemacht, die Protokolle eindeutig und klar zu formulieren. Die Teilnehmer sollten zudem sicherstellen, dass sie ein gemeinsames Verständnis über den Inhalt haben. Ich habe festgestellt, dass die Ergebnisse sehr oft von Deutschen und Schweden anders aufgenommen werden. Deutsche sagen: „Punkt, Schluss, fertig", und damit ist die Entscheidung endgültig, während Schweden meinen, es gäbe noch Spielraum.

Mehr Beispiele: Wenn ein Fehler passiert, verwenden Deutsche viel Zeit darauf, den Verursacher zu finden. Ich wünschte mir, diese Zeit würde investiert, um Vorkehrungen zu treffen, dass sich der Fehler nicht wiederholt. Bemerkenswert ist auch der Umgang mit dem Wort „Nein". Wenn ich höre: „Nein, das geht nicht", dann hätte ich stattdessen lieber eine lösungsorientierte Diskussion, als eine langatmige Erklärung des Problems.

Viele kulturelle „Fettnäpfchen" können mit ein wenig Vorbereitung und Interesse für die fremde Kultur vermieden werden. Die beste Voraussetzung ist eine positive Sichtweise. Ich bin überzeugt, kulturell gemischte Gruppen leisten mehr und haben bessere Ergebnisse, wenn jeder die besonderen Eigenheiten des Anderen als Chance sieht und nutzt. Ich erlebe täglich, wie solche Gruppen sehr erfolgreich zusammenarbeiten.

Liselotte Hjorth, Global Head of Commercial Real Estate bei SEB AB, Stockholm, und Vorstandsmitglied der SEB AG, Frankfurt am Main

Achtung, Fettnapf!

Do's and Don'ts in Schweden

Das gefällt Ihren schwedischen Geschäftspartnern ...

- Zeigen Sie sich an Land und Leuten interessiert – die Natur, das Mittsommerfest, die pittoresken Häuser, die königliche Familie, der European Song Contest, Zlatan Ibrahimović ...
- Treffen Sie sich oft mit Ihren Geschäftspartnern. Mit jedem Meeting kommen Sie einander ein Stück näher.
- Reden ist Silber, Schweigen ist Gold. Hören Sie gut zu.
- Haben Sie Geduld. Entscheidungen brauchen in Schweden so lange Zeit, bis jeder daran Beteiligte und davon Betroffene eingewilligt hat.
- Begrüßen Sie die Mitarbeiter Ihres Gesprächspartners ebenso freundlich wie ihn oder sie selbst. Schweden kennen und machen keine Rangunterschiede.
- Bedanken Sie sich für jede Einladung, jede zusätzliche Information, jedes Treffen, jede Kontaktvermittlung.
- Haben Sie Verständnis, wenn eine an sich getroffene Entscheidung wiederholt in Frage gestellt wird. Man hält sich gerne alle Optionen offen, und wenn eine neue auftaucht, wird neu nachgedacht. Frei nach dem Motto: Das Bessere ist der Feind des Guten.
- Halten Sie engen Kontakt. Rufen Sie hin und wieder an oder schicken Sie eine E-Mail. Das beweist Ihrem Gesprächspartner, dass Sie ernsthaft an einer Kooperation interessiert sind.
- Nehmen Sie an jeder Ihnen angebotenen Kaffeepause Teil. Schlagen Sie selbst hin und wieder vor, mit dem Team zusammen eine „Fikapaus“ zu machen.

- Selbst wenn Sie innerlich vor Zorn beben: Halten Sie Ihre Gefühle im Zaum. Mit freundlicher Sachlichkeit kommen Sie weiter.
- Suchen Sie nach Gemeinsamkeiten zwischen sich und Ihrem Gesprächspartner und heben Sie diese hervor.

... und dies sollten Sie in Schweden vermeiden:

- Betonen Sie keinesfalls Ihre Über- bzw. Unterlegenheit, sei es bei Wohlstand, Einfluss, ökonomischem Erfolg oder geschäftlicher Macht. Treten Sie auf gleicher Augenhöhe an Ihren Geschäftspartner heran.
- Stellen Sie keine Statussymbole zur Schau.
- Werten Sie Intuition oder „ein schlechtes Gefühl" bei der Sache nicht ab. Schweden messen Emotionen ebenso große Bedeutung bei wie der Vernunft.
- Vermeiden Sie direkte Kritik und Konfrontationen. Mit Diplomatie und Einfühlungsvermögen kommen Sie weiter.
- Üben Sie keinen Druck aus und vermeiden Sie Anzeichen von Eile und Hektik. Auch wenn Ihr Gesprächspartner minutenlang überlegt: Er ist bei der Sache. Haben Sie Geduld, denn alles dauert so lange, solange es dauert.
- Zwingen Sie einem Schweden möglichst keine Geschäftstermine in den populären Ferienmonaten Juli und August auf.
- Lassen Sie sich durch die Unkompliziertheit der Schweden und das lockere „Du" nicht zu dem Glauben verleiten, Ihre Geschäftspartner seien Ihre Freunde. Seien Sie freundlich, aber kontrolliert.
- Fallen Sie Ihrem Gegenüber nicht ins Wort, das gilt als extrem unhöflich. Lassen Sie ihn ruhig aussprechen.
- Treten Sie nicht zu nahe an Ihre Geschäftspartner heran. Das gilt in jeder Dimension, räumlich wie im Dialog. Freuen Sie sich, wenn man Ihnen etwas Privates erzählt, aber legen Sie keine Neugier an den Tag und bedrängen Sie Ihr Gegenüber nicht.

- Entschuldigen Sie sich niemals mit dem Versagen Ihrer Mitarbeiter. Sie sind ein Team.
- Stellen Sie Schweden nur in begründeten Ausnahmefällen in einen Kontext mit anderen Ländern Skandinaviens. Schweden denken zwar grundsätzlich im Team. Aber es gibt Grenzen ...

4 Gelebte Work-Life-Balance, rote Tage und die „Fikapaus“

Team und Traditionen sind schwedischen Mitarbeitern heilig

In Schweden ist man kein Mitarbeiter, sondern Teil eines Teams. Folgerichtig hat man in Schweden auch keine Mitarbeiter, sondern arbeitet mit und in einem Team. Das ist der Kern dessen, was Sie als deutscher Manager oder als Managerin über die Zusammenarbeitskultur im Norden wissen müssen. Den kulturellen Hintergrund der musketierähnlichen Devise („Einer für alle, alle für einen“) kennen Sie aus dem vorangegangenen Kapitel: Die typisch deutsche Unterscheidung zwischen dem oder der „Vorgesetzten“ und dem „Mitarbeiter“ beziehungsweise der „Mitarbeiterin“ verstößt, wie bereits erwähnt, in Schweden gegen das eherne Gleichheitsgebot.

„Fein“, jubeln Sie als moderner, aufgeschlossener Deutscher, „endlich mal kein ‚oben‘ und ‚unten‘, keine Standesunterschiede, kein: ‚Der Chef hat immer Recht‘ und kein: ‚Ich bin ja nur der Mitarbeiter‘.“ Hochmotiviert und voll Neugier auf Ihre Aufgaben und Ihre neuen Mitarbeiter – rasch korrigieren Sie: das Team – reisen Sie nach Schweden, um Ihren neuen Job als Geschäftsführer der schwedischen Tochtergesellschaft anzutreten. Dass Sie vom weiblichen Teammitglied am Empfang mit einem freundlichen „Hej Thomas, wie schön, dass Du da bist!“ begrüßt werden, scheint Ihnen zwar angesichts Ihrer beider Positionen eine Idee zu anbiedernd. Aber was soll's: Ein neuer oberster Chef schneit ja auch nicht jeden Tag ins Haus. Sie will wohl gleich mit Feiertagsmanieren auf sich aufmerksam machen. Das kennen Sie, das verstehen Sie. Das wird sich legen.

Nicht in Schweden. Schon bald wird ihnen das von allen Seiten entgegen geschmetterte „Hej, Thomas!“ ganz vertraut vorkommen, weil Sie gelernt haben, dass schwedische Unternehmen eine – jedenfalls im Vergleich zu Deutschland – sehr flache Organisationsstruktur haben. Zwischen dem Geschäftsführer (VD) und dem geringstqualifizierten

Mitarbeiter liegen oft nur zwei, drei Ebenen, und die sind selbst aus der Nähe unsichtbar und allenfalls an der Höhe des Gehalts erkennbar. Niemand bezeichnet seinen Job als „Position“ oder trägt seinen akademischen Titel zur Schau. Alle sind füreinander „Lars“, „Lisa“, „Thomas“ und „Sven-Olof“, das gilt für den Hausmeister wie für die Aufsichtsrätin. Eine Führungskraft, deren Selbstbewusstsein sich allein aus der erklommenen Bedeutungsstufe nährt, muss in Schweden anderes zurechtkommen.

Denn eines ist das Land auf keinen Fall: hierarchisch. Natürlich gibt es auch hier feste Strukturen. Aber die orientieren sich meistens an der betrieblichen Praxis: Er arbeitet das und sie arbeitete jenes. Jeder weiß, was die anderen tun. Viele sind ohnehin heute Projektleiter für dies und morgen für das. Manchmal ist der Geschäftsführer ein Projektleiter, manchmal seine Assistentin. Schweden denken pragmatisch: Wenn unsere Organisation doch kaum mehr als eine Momentaufnahme ist – warum sollte man sie in ein Kästchendiagramm klemmen, mit größeren Vierecken oben, kleineren unten und mittelgroßen dazwischen? Alles ist im Fluss. Nächsten Monat kann das Bild ganz anders aussehen.

Regel Nr. 1: Jede Akquise geht vom Organigramm aus

In deutschen Unternehmen geht es geordnet zu. In der Regel skizziert man die Aufbauorganisation mithilfe eines Organigramms unmittelbar nach der Firmengründung, damit jeder Interne seinen Platz über, neben und unter all den anderen kennt und damit jeder Externe weiß, wo sein Ansprechpartner zu finden ist. Wer mit einem deutschen Unternehmen Geschäfte machen will, studiert deshalb als Erstes das Organigramm, um zu sehen, wer für sein Themengebiet zuständig ist: „Aha ... Kaltwalzstähle macht dort ein Frank Meier.“ Angerufen (nicht zielführend) oder angemailt (ebenso wenig) oder angeschrieben (genau!) wird dann aber der Mensch, dessen Name in der Reihe oberhalb von Frank Meier steht und auf den die vertikale Linie darunter zielsicher zuläuft. Das ist der persönlich und fachlich Vorgesetzte von Frank Meier, und mit dem müssen Sie sprechen. Achtung: In modernen Matrixorganisationen führen von Frank Meier aus oft zwei Linien zu übergeordneten Namen: Die eine führt zum persönlichen, die andere zum fachlichen Vorgesetzten. Der eine entscheidet über das Gehalt, der andere darüber, wie gut Meier seinen Job macht. Weil Sie ihm mit Ihrem Angebot bei Letzterem helfen wollen, wenden Sie sich am besten an den Fachvorgesetzten. Der wird auch inhaltlich mehr von der Sache selbst verstehen.

Die vergleichsweise undurchschaubaren Organisationen in schwedischen Unternehmen lassen Deutsche immer wieder rätseln, an wen sie sich denn nun wenden sollen. Wer hat hier den Hut auf? Wer ist zuständig? Um das herauszubekommen, sollte man sich keinesfalls auf die Positionsbezeichnung verlassen: Hier herrscht oft dichterische Freiheit. Kontaktieren Sie, selbstverständlich abhängig von der Grösse des Unternehmens, am besten den VD (Geschäftsführer), einen Bereichsleiter oder, ganz einfach, einen Mitarbeiter der Telefonzentrale. Sie oder er wird Sie schon an die richtige Adresse weiterleiten.

Eigenverantwortung vs. Streben nach Konsens: In einem Team lässt sich's leicht verstecken ...

In Schweden wird stark auf die Eigenverantwortung der Teammitglieder gesetzt, und den meisten Mitarbeitern gefällt es gut, dass man ihnen viel zutraut. Im juristischen Kontext hält natürlich auch hier letztlich die Führungskraft für alle Entscheidungen ihrer Mitarbeiter den Kopf hin. Aber nach innen gesehen, lebt die flache Organisation davon, dass jeder weiß, was zu tun ist und wie es richtig zu tun ist. Alle Mitarbeiter gehen von der Prämisse aus, dass sie gleich wichtig sind, gleich nutzbringend für das Unternehmen und gleich wertvoll im Ansehen. Mit anderen Worten: Alle stehen auf dem gleichen Niveau („Hej Thomas ..."). Alle erwarten, mitreden zu dürfen. Entscheidungen sollen möglichst von allen akzeptiert werden. Und Berührungsängste zu „Höhergestellten" gibt es schon deshalb nicht, weil ja alle gleich gestellt sind.

Soweit die Theorie.

In der Praxis hat diese Philosophie der Arbeitsgruppe eine Kehrseite, und die macht nicht nur Führungskräften zuweilen zu schaffen. Denn wie überall auf der Welt, versteckt sich manch einer gern hinter dem Team, wenn es darum geht, harte Entscheidungen zu treffen und umzusetzen oder die Konsequenzen seines Handels tragen zu müssen. In dieser Hinsicht erweist sich der angestrebte Konsens oft als nachteilig, weil man sich nämlich hinter Gruppenentscheidungen gut verstecken kann. Das Prinzip ähnelt ein wenig der auch in Deutschland bekannten wechselseitigen Verzeigefingerung: „Dafür ist der Kollege zuständig." „Ich war leider nicht anwesend, als dieser Beschluss getroffen wurde." „Da müssen Sie Lars-Erik fragen. Der versteht viel mehr davon." „Wissen Sie, ich stecke nicht so gut im Thema drin." Kaum jemand wird nach einer vom ganzen Team getroffenen Entscheidung darauf beharren, dass dieser Beschluss falsch war. Nein, im Gegenteil, am Ende sind sich alle einig, dass es funktionieren wird. Selbst wenn man leise Zweifel hat, wird man nichts dazu sagen und sich dem Team anschließen. Vielleicht geht es ja gut, wenn alle daran glauben ...

Die Verantwortung ist im Team gebündelt

Darum ist es mitunter gar nicht so leicht, jemanden direkt am Kragen zu packen. Zwar ist die Eigenverantwortung der Menschen hoch, aber gerade deshalb, weil sie im Team gebündelt ist. Stets sind mehrere Personen beteiligt, betroffen, begünstigt, verantwortlich; immer muss mit einer Gruppe von Menschen ein Problem und eine Lösung diskutiert werden. Selbst wenn der Manager ganz genau weiß, dass Hans einen Fehler gemacht hat, ist er gut beraten, in Schweden anders vorzugehen als in Deutschland.

Dort würde er sich Hans im Vieraugengespräch zur Brust nehmen und mit ihm Klartext reden. In Schweden beruft er stattdessen ein Teammeeting ein und stellt den fraglichen Punkt – einen Verfahrensfehler, eine falsche Entscheidung, unzulässiges Verhalten – in den Mittelpunkt einer lösungsorientierten Diskussion: „Liebe Kollegen, lasst uns darüber sprechen, wie wir in Zukunft solche Dinge vermeiden. Wer hat einen Vorschlag?" Auf diese Weise verliert Hans (der natürlich ebenso wie seine Kollegen weiß, was Sache ist) nicht sein Gesicht. Und statt sich endlos in Schuldzuweisungen zu ergehen, was letztlich nur Zeit kostet und keinen Zentimeter näher an die Lösung führt, wird in dieser Stunde nach vorne gedacht und vereinbart, wie künftig vorzugehen ist. Der Bonus-Track: Das weiß dann nicht nur Hans, sondern jeder im Team.

Die Gesellschaft spiegelt sich in den Unternehmen

Die flachen Strukturen, die Schwedens Unternehmen auszeichnen, sind ein Spiegel der gesellschaftlichen Gleichheit. Der Theorie nach gibt es keine, in der Praxis gibt es kaum Klassenunterschiede. Alle Schweden wissen, dass sie arbeiten müssen, um ihren Lebensunterhalt bestreiten zu können. Nicht zuletzt deshalb hat Schweden eine der höchsten Frauenerwerbsquoten in Europa. Das Gleichheitspostulat drückt sich im Einkommen aus: Die Schere im nationalen Gehaltsgefüge klafft längst nicht so weit auseinander wie in Deutschland. Ein hochdekorierter Akademiker oder ein Vorstandsvorsitzender verdient zwar mehr als ein Sachbearbeiter oder eine Krankenschwester (tatsächlich werden männliche Krankenpfleger in Schweden auch „sjuksköterska“, Krankenschwester, genannt), aber nicht das Vielfache dieses Gehalts. Die in Deutschland immer wieder aufflackernde Verteilungsdebatte wird denn auch in Schweden mit viel weniger Inbrunst geführt.

Zumal die gläserne Gesellschaft in Schweden mit ihrer hochgradigen Datentransparenz kaum ein Geheimnis im Verborgenen lässt. Jeder Bürger kann Einblick in die finanzielle Situation seines Nachbarn oder Kollegen nehmen. Ungerechtfertigt scheinende Gehälter könnten deshalb schnell auf die Tagesordnung der Chefs gelangen.

Zusammengefasst: Alle Mitarbeiter in schwedischen Unternehmen sind ungeachtet ihrer Tätigkeit gleich viel wert und müssen prinzipiell gleich viel arbeiten. Daraus folgt, dass nahezu alle vor derselben Herausforderung stehen, das Berufs- mit dem Privatleben in Einklang zu bringen. Ob verheiratet oder Single mit großem Freundeskreis, ob Familienvater oder alleinerziehende Mutter – jeder hat sein eigenes Familienpuzzle zu lösen. Und obgleich der Staat und die Kommunen mit hervorragenden Kinderbetreuungsmöglichkeiten helfen, steht hier ein Behördengang an, muss dort ein Sprössling früher vom Kindergarten abgeholt oder der pflegebedürftige Vater zur Physiotherapie gebracht werden. Ja, wer soll das denn machen wenn nicht der Vater oder die Mutter, die Tochter oder der Sohn – auch wenn dieser private Termin mitten in die Arbeitszeit fällt?

Schwedische Unternehmen und Behörden haben für solche Zwänge ein Höchstmaß an Verständnis. So ist es völlig in Ordnung, nachmittags um drei Uhr den Schreibtisch zu räumen, sein Kind von der Kita („dagis") abzuholen, einzukaufen und sich abends noch mal an den PC zu setzen, um eine Präsentation oder geschäftliche Mails zu bearbeiten.

Das erwarten schwedische Chefs von ihren Mitarbeitern

Ende 2012 weckte eine Auswertung von Stellenanzeigen der Jobbörse Stepstone in Schweden großes Aufsehen. War dort doch zu lesen, auf welche Eigenschaften schwedische Arbeitgeber größten Wert bei ihren Mitarbeitern legen. Die fünf wichtigsten lauten, in genau dieser Reihenfolge:

- Antriebsstark
- Gesellig
- Extrovertiert
- Positiv
- Strukturiert

Die fünf für schwedische Arbeitgeber unwichtigsten Eigenschaften:

- Initiativ
- Ergebnisorientiert
- Diszipliniert
- Vertriebsorientiert
- Anspruchslos

Welch ein Kontrast zu Deutschland! Hier versuchen immer mehr Unternehmen, die abendliche Online-Arbeit ihrer Mitarbeiter durch Server-Ruhezeiten zu unterbinden. Ziel der einen Gesellschaft ist es, die Work-Life-Balance ihrer Belegschaft einigermaßen ausgewogen zu gestalten, Ziel der anderen, sie zu einem besseren Zeitmanagement zu erziehen. Schweden denken genau anders herum: Warum sollte man das Engagement der Mitarbeiter bremsen? Lasst sie doch selbst entscheiden, wann sie arbeiten wollen! Eine richtig strenge Trennung zwischen Arbeits- und Privatleben ist in den nordischen Ländern selten anzutreffen, weil die Menschen glauben, ihr Leben selbst am besten organisieren zu können. Einige schwedische Behörden haben unlängst sogar alle Teambesprechungen nach 15 Uhr mit der Begründung untersagt, man würde sonst Kollegen diskriminieren, die früher gehen müssten, um ihre Kinder abzuholen. Das bedeutet: Punkt 15 Uhr sind alle internen Meetings zu Ende, und jeder, der weiterarbeitet, tut das am eigenen Schreibtisch.

Berufs- und Privatleben vermischen sich in Schweden – und alle Führungskräfte akzeptieren das

Mit Kopfschütteln reagieren Deutsche, wenn ihr schwedischer Geschäftspartner mitten im nachmittäglichen Meeting aufsteht und sich entschuldigt: Er müsse seine Tochter vom Kindergarten abholen. „Macht das nicht Ihre Frau?", erkundigt sich sein Gegenüber vielleicht. Die Antwort wird heißen: „Meine Frau arbeitet ebenfalls, und diese Woche bin ich an der Reihe, die Kleine nach Hause zu bringen." Schwedische Elternpaare teilen sich nicht nur die Erziehung, sondern auch die Organisation des Familienlebens. Neulich bat eine schwedische Ministerin anlässlich eines Arbeitstreffens mit vielen hochrangigen Geschäftsleuten aus Schweden schlicht um Verständnis dafür, dass sie früher gehen müsse als angesetzt, „weil meine Tochter heute Geburtstag hat". Einer der Anwesenden erkundigte sich daraufhin, ob ihr Chefberater denn noch länger bliebe. „Bedaure, nein", bekam er zur Antwort, „ich muss zum Squash." Niemand regte sich darüber auf. Denn jeder Schwede akzeptiert, dass die Arbeit nicht das ganze Leben ist und dass das Privatleben einen mindestens ebenso hohen Stellenwert wie der Beruf hat.

Besonders deutlich wird das an den „röda dagar" (im Kalender rot markierte Tage), wie die schwedischen Feiertage genannt werden. An dem Arbeitstag, auf den ein Feiertag folgt, schließen die Kontore und

Werkshallen üblicherweise schon gegen Mittag. Das soll den Mitarbeitern ermöglichen, frühzeitig zu ihrem Sommerhaus („stuga“) am Meer oder auf dem Land aufzubrechen und den freien Tag noch ein bisschen vorzubereiten. Wehe dem Manager, der eine wichtige Sitzung auf den Nachmittag eines Tages vor einem roten Tag („dag före röd dag“) legt! Sein Team wird ihm das noch Wochen später nachtragen.

An schwedischen Feiertagen wird wirklich gefeiert

Mittsommer und Weihnachten sind die beiden wichtigsten Feiertage in Schweden. Beiden voran gehen hektische Wochen, weil jeder rechtzeitig zum Fest seinen Schreibtisch leer haben möchte. Es gilt als unmöglich und es ist nahezu unmöglich, am auf den kalendarischen Mittsommer folgenden Samstag – denn „Midsommardagen“ ist immer am Samstag, aber gefeiert wird am vorhergehenden Freitag – einen Mitarbeiter anzurufen, um mit ihm oder ihr eine geschäftliche Angelegenheit durchzusprechen. Mails werden nur von notorischen Einzelgängern gelesen, und selbst die warten mit der Antwort bis zum nächsten Montag. Die Mittsommerfeier Ende Juni läutet die schwedische Ferienzeit ein, in der die Schulen elf Wochen lang geschlossen sind. Falls nicht ohnehin Betriebsferien angeordnet sind, nimmt deshalb fast jeder Schwede im Juli ein paar Wochen Urlaub. Ähnlich dünn sind die Firmen rund um Weihnachten und den Jahreswechsel besetzt. Landesweit arbeitsfrei sind weiterhin der 6. Januar („Trettondagen“), Karfreitag und Ostermontag, der 1. Mai, Christi Himmelfahrt und der schwedische Nationaltag am 6. Juni. Einige andere Feiertage werden wie das Mittsommerfest immer auf den darauffolgenden Samstag verlegt.

Untrügliches Kennzeichen dafür, dass in Deutschland ein wichtiger Feiertag bevorsteht, sind steigende Benzinpreise und wachsende Gereiztheit bei den Angestellten. Weihnachten und Ostern haben eine ähnliche Bedeutung wie in Schweden, Mittsommer geht spurlos vorüber, und der Tag der Deutschen Einheit am 3. Oktober ist den Festansprachen vorbehalten. In einigen Landesteilen, insbesondere in und um Düsseldorf, Köln, Mainz und Freiburg, spielen die beweglichen Karnevalstage ausgangs des Winters eine bedeutende Rolle. Zwischen einem Donnerstag und dem Dienstag der Folgewoche ruht in vielen Städten entlang des Rheins fast das gesamte Geschäftsleben. Wer trotzdem zur Arbeit geht, weil er will oder muss, sollte nach Karneval unbedingt an die getroffenen Vereinbarungen erinnert werden!

Schwedische Arbeitgeber gewähren ihren Mitarbeitern mehr Freiräume, als es in Deutschland der Fall ist. Denn sie wissen aus Erfahrung, dass die im Beruf versäumte Zeit nachgeholt wird. Warum sie da so sicher sein können? Weil sich der Einzelne für die Erfüllung seiner Arbeitspflichten verantwortlich fühlt. Weil er sich als wichtiger Teil des Unternehmens mit ihm identifiziert. Und weil er oder sie den Erfolg des gesamten Teams nicht durch ihre eigene unterlassene Leistung gefährden wollen.

Manager, die dieses unausgesprochene, aber eisern fortgeschriebene Glaubensbekenntnis der Schweden nicht ernst nehmen oder anzweifeln und die infolgedessen auf der strikten Einhaltung der „Dienstzeiten" bestehen, stoßen ihr Team vor den Kopf und müssen mit rasant abnehmender Motivation rechnen. Auf der anderen Seite werden sie vor Leistungsfreude glühende Teammitglieder haben, wenn sie ihren Wunsch, ihre Mitarbeiter ein Stück weit stärker kontrollieren zu wollen, auf das in Schweden übliche Maß reduzieren.

Der ideale Vorgesetzte in Schweden ...

... ist offen, gerecht, hört zu und lässt seine Teammitglieder an allem Teil haben, was sie und ihre Arbeit betrifft. Offen, weil er sein Team rasch und umfassend über alles Geschäftliche informiert und auch kein Geheimnis daraus macht, wie er das Mittsommerfest zu feiern gedenkt. Er hört auch gern zu, wenn seine Mitarbeiter davon erzählen, denn das Privatleben spielt ja nach schwedischer Lesart in das Berufsleben hinein. Er ist gerecht, weil er alle gleich behandelt. Bei Konflikten zwischen Mitarbeitern bezieht er nicht Position für eine Partei, sondern vermittelt wie ein UN-Unterhändler neutral zwischen beiden.

Das Postulat der Gerechtigkeit bezieht sich übrigens auch auf das Einkommen. Die Gehaltsstrukturen in Schweden weisen beileibe keine so große Spreizung auf wie die in Deutschland, aber aus hiesiger Sicht wird das nicht als ungerecht empfunden. Im Gegenteil: Warum sollte mein Kollege mehr verdienen als ich, obwohl ich doch die gleiche Arbeit verrichte? Selbst Akademiker verdienen nicht das Mehrfache eines praktisch ausgebildeten Arbeitnehmers. Da ist es wieder, das im Jante-Gesetz festgeschriebene Grundprinzip: Jeder in der Gemeinschaft ist gleich viel wert. Niemand ist in irgendeiner Hinsicht besser als der andere. Jedes einzelne Zahnrad an seiner Stelle hält das große Ganze am Laufen.

Die Motivation der Mitarbeiter ist der entscheidende Stellhebel für erstklassige Leistung. Wenn die Arbeitslust fehlt, dann bekommen Führungskräfte ein ernstes Problem. Darum setzten sie alles daran, positiv auf die Mitarbeitermotivation einzuwirken, sei es mit häufigem Lob und zügigem und freundlich verpacktem Feedback oder durch die Verschönerung des Büroambientes durch eine Sofaecke, einen täglich aufgefüllten Obstkorb oder Kaffee frei Haus. All das empfinden schwedische Arbeitnehmer als selbstverständlich. Doch das wichtigste Motivationsinstrument von allen ist der regelmäßige persönliche Austausch zwischen dem Vorgesetzten und dem Team sowie dem Vorgesetzten und dem einzelnen Teammitglied. Denn der schwedische Mitarbeiter möchte gesehen und wertgeschätzt werden, und zwar als Mensch, und nicht als Funktionsträger.

Die Schweden sind es gewohnt, ständig ein positives Feedback zu bekommen. Anders als in Deutschland bedeutet das, nicht nur ein paar Worte über den Gang zu rufen, sondern dem Mitarbeiter im Vier-Augen-Gespräch zu beweisen, dass man sich mit ihm persönlich (!) und mit seiner Arbeit auseinandergesetzt hat. Das ist ein immens wichtiger Teil der Rolle und Aufgabe einer Führungskraft.

In Schweden setzt man auf positive Verstärker

Während man in Deutschland oft mit Kritik und negativen Verstärkern steuert, vertraut man in Schweden auf Lob und positive Verstärker. Vor jedem offiziellen Personalgespräch überlegen sich Vorgesetzte Anlässe und Gründe, um den Mitarbeiter loben zu können. Weil sie davon überzeugt sind, dass nur Lob und Anerkennung die Motivation und damit die Leistung steigern werden. Sollte einmal ein Tadel notwendig sein, so kommt dieser samtweich in Freundlichkeit gekleidet daher: „Ich sehe, dass Du Dich nach Kräften bemühst, es richtig zu machen. Das finde ich sehr gut. Vielleicht gelingt es Dir, an dieser und jener Stelle noch ein bisschen besser zu werden. Ich bin überzeugt davon, dass Du es schaffst. Und wir andere unterstützen Dich dabei."

Gelernte Deutsche tun sich häufig schwer mit dieser wohlwollenden Attitude. „Was soll das Drumherumreden bringen", brummelt so mancher nach Schweden entsandte Manager, „wenn etwas schief läuft, dann muss man Tacheles reden." Viele sehen in dem menschen- statt problemzentrierten Ansatz eine Konfliktvermeidungsstrategie: Das kollektive Bestreben, das Positive in den Fokus und der Kritik damit die Schärfe zu nehmen, sei nichts anderes als der Versuch, sich bei den Mitarbeitern einzuschleimen. Das sei des deutschen Managers Sache nicht. „Bei uns geht es direkter zu, und damit geht es uns gut", hört man gelegentlich. Abgesehen davon, dass hier unterschiedliche Führungsphilosophien zum Ausdruck kommen, über die man weidlich diskutieren kann, liefert die Bevölkerungsstatistik gute Gründe für das schwedische Modell. Von den rund 9,5 Millionen Schweden standen Ende 2011 knapp sechs Millionen im erwerbsfähigen Alter zwischen 15 und 64 Jahren. Das sind ungefähr so viele wie allein in den drei deutschen Städten Berlin, Hamburg und München.

Erwerbspotentiale hier und dort: 41 zu 6 Millionen

Das Arbeitskräftepotenzial in Deutschland ist mit rund 41 Millionen Menschen zwischen 15 und 64 Jahren knapp sieben Mal größer als in Schweden. Dort treiben etwa sechs Millionen Menschen im erwerbsfähigen

Alter die Wirtschaft des Landes voran. Das bedeutet aber auch: Mit diesen sechs Millionen müssen die Unternehmen und Behörden auskommen. Ihre Auswahlmöglichkeit ist weit geringer als im bevölkerungsstarken Deutschland. Ein Beispiel: Ende 2011 waren in Deutschland rund 738.000 Ingenieure aller Fachrichtungen sozialversicherungspflichtig oder selbstständig tätig. In Schweden waren es nach Angaben des schwedischen Gewerkschaftsbundes rund 109.000. Um ihren Fachkräftebedarf kontinuierlich decken zu können, müssen die Unternehmen im Norden folglich nicht nur auf die auf dem humanistischen Ideal gründende Kultur eingehen, sondern aus streng ökonomischen Gründen Zugeständnisse machen: Schwedische Arbeitnehmer kennen ihren Knappheitswert.

Um im Betrieb gute Ergebnisse bringen zu können, muss man sich auf der Arbeit wohlfühlen, verlangen die Beschäftigten. Dazu gehört die persönliche Ausstattung des Arbeitsplatzes mit Fotos, Postern, Pflanzen und Urlaubserinnerungen sowie größtmögliche Flexibilität und Selbstbestimmung bei der Gestaltung der Arbeitszeit. Die Chefs akzeptieren das. Und sorgen sich kein Stück darum, ob der Job erledigt wird. Er wird – wenn nötig, sorgt das Team dafür.

Verabredet werden solche Beistände gerne in der Kaffeepause („fikapaus"), einer in Schweden geradezu heiligen Institution. Ob im Büro, im Hinterzimmer eines Ladens oder im Pausenraum eines Produktionswerkes – ohne funktionierenden Kaffeeautomaten läuft in Schweden so gut wie gar nichts.

Wehe, der neue Chef aus Deutschland rüttelt an der traditionellen Kaffeepause ...

Was in der „fikapaus" besprochen wird, reicht weit über Small Talk hinaus. Natürlich tauscht man sich über Team- und Abteilungsgrenzen hinweg auch über die gestrige TV-Show, die bevorstehende Wahl oder die Höhe der Hypothekenzinsen aus, gewiss verabredet man sich auch mal zum Angeln oder zum gemeinsamen Besuch eines Eishockeyspiels. Beherrschende Themen sind jedoch die Firma, die Arbeit sowie die Strukturen und Prozesse, die man gut oder optimierungsfähig findet. Mit dem Kaffeebecher in der Hand lässt sich locker und ungezwungen ein geschäftliches Problem diskutieren, die Chancen auf eine Einigung im bevorstehenden Meeting eruieren und der schwelende Konflikt mit dem Büronachbar ersticken oder ausräumen. Am Kaffeeautomat wird natürlich auch über den neuen Chef aus Deutschland gesprochenen, angriffsfrei und das Positive herausstellend, klar. Hier werden Stimmungen aufgeschnappt, gefestigt und umgedreht. Kurz: Als Führungskraft darf man die Kaffeepause auf gar keinen Fall unterschätzen.

Manchmal findet der neue Chef aus Deutschland jedoch, dass seine Leute viel zu viel Zeit im Pausenraum verbringen. „Was das kostet", stöhnt er und erwägt, die Zeit zwischen zwei Kaffeepausen auszudehnen. Das allerdings wäre ein schwerer Ausnahmefehler. Erstens ist die „fikapaus" keine Pause im arbeitsrechtlichen Sinne, sondern Teil der Arbeit, und zweitens kostet die Regulierung der Pausen oder gar die Abschaffung des Automaten die Firma erheblich mehr, als die liebgewonnene Tradition stillschweigend hinzunehmen. Denn mit der Kaffeepause steht und fällt zuerst die Motivation der Angestellten und dann deren Produktivität.

Mit dem Kaffee ist es wie mit der Kommunikation: Undurchsichtig bis zum Boden

Überhaupt wird in Schweden viel Kaffee getrunken, im Privatleben wie im Job, allein wie mit Nachbarn, Freunden und Kollegen. Über der Tasse, dem Mug, der Schale oder dem Bol findet ein Großteil der zwischenmenschlichen Kommunikation statt. Und die ist zwar ähnlich belebend wie das Getränk, aber auch ebenso undurchsichtig. In Schweden pflegt man die indirekte Kommunikation.

„Bedienung oder Selbstbedienung – eine Kulturfrage"

Im Oktober 2006 eröffneten wir unser damaliges Flaggschiff-Hotel, das Scandic Hotel Potsdamer Platz in Berlin. Wichtig war uns dabei, die bekannten und erfolgreichen Scandic-Konzepte dem Markt in Deutschland anzupassen, ohne den Markenkern zu verwässern. Es galt, basierend auf skandinavischen Werten, eine möglichst hohe Differenzierung zu ähnlichen Produkten im Markt zu erlangen. Einzigartigkeit statt „Me Too"-Produkt also.

Während man sich in Deutschland gerne am Tisch bedienen lässt, ist das in Schweden nicht unbedingt populär. In den skandinavischen Ländern gehört es zur allgemeinen Praxis, sich beim Frühstück selbst zu nehmen, worauf man Appetit hat. Selbstbedienung beim Frühstück im Hotel ist ein Teil der Gesellschaftskultur und nicht unwesentlich von dem skandinavischem „Code des Umgangs miteinander" beeinflusst.

Was sah man also am Tag nach der Eröffnung des Berliner Hotels im Frühstücksraum? Unsere Gäste setzten sich an „nackte Tische" und warteten. Das Bedienungspersonal ging vorbei und grüßte freundlich, machte aber keinerlei Anstalten, den Tisch einzudecken oder gar Kaffee zu servieren. Die Gäste reagierten verständnislos und irritiert. Im Dialog musste das Konzept zunächst erklärt werden.

Was also tun? Das Konzept dem Markt anpassen oder den Markt dem Konzept anpassen? Wir entschieden uns für den zweiten Weg. An der Rezeption, im Frühstücksraum und mit Informationsblättern, die den Gästen bei der Anreise ausgehändigt wurden, erklärten wir unsere Frühstückskultur. Dies führte oft zu Gesprächen über kulturelle Unterschiede und dadurch zu einer engeren Bindung zwischen unseren Mitarbeitern und unseren Gästen.

Im September 2012 eröffneten wir mit dem Scandic Hotel Emporio in Hamburg unser zweites Haus in Deutschland. Auch hier gilt beim Frühstücken Selbstbedienung. Wir stellen fest, dass unsere Mitbewerber im mittleren Preissegment eifrig dabei sind, dieses Konzept zu kopieren.

Stephan Stahl, Director Scandic Business School, Stockholm

Indirekte Kommunikation bedeutet, dass man auf eine direkte Frage nur sehr selten ein klares „Ja" oder „Nein" hört. Normalerweise kommt die Antwort zwischen den Zeilen daher. Also muss man interpretieren, und wenn man nicht sicher ist, ob man den Schweden richtig verstanden hat, dann muss man nachfragen und so lange gesprächsweise um den Punkt herumwandern, bis man sich einigermaßen sicher fühlt, die Aussage des Gegenübers begriffen zu haben.

Auch umgekehrt wird ein Schuh daraus. Wenn Schweden etwas wollen, dann sagen sie das nicht frei heraus, sondern formulieren ihren Wunsch indirekt. Hinweise darauf sind Satzanfänge wie „Man könnte ...“, „Wir sollten überlegen, ob ...“, „Vielleicht wäre es gut, wenn ...“. An dieser Stelle ist höchste Aufmerksamkeit seitens des Angesprochenen gefragt! Als Schwede weiß er oder sie natürlich sofort, worauf der lange Vorspann hindeutet und antwortet freundlich, aber unverbindlich. Denn „Das hört sich gut an“ oder „Das könnten wir machen“ ist noch lange kein Zeichen dafür, dass der Vorschlag tatsächlich umgesetzt wird. Man geht dem verpflichtenden „Ja“ oder dem harten „Nein“ nur aus dem Weg, um Zeit zu gewinnen, die Sache gründlich zu überdenken und im Gespräch mit anderen zu eruieren, wie die wohl dazu stehen. Die indirekte Kommunikation dient ein Stück weit auch der Absicherung der eigenen Haltung.

Ein hartes „Nein“ auf eine Idee, eine Anregung oder Bitte steht in Schweden unter Autoritätsverdacht und geht von daher überhaupt nicht. Stattdessen zieht man sich vorsichtig und alle Rückzugsmöglichkeiten offen haltend aus der Affäre und sagt etwa: „Hm, das klingt interessant. Wir sollten das in Erwägung ziehen.“ Bitte nicht falsch verstehen: Das verheißt mitnichten Zustimmung, noch nicht einmal ein „Vielleicht“. Mit größerer Wahrscheinlichkeit ist der Sprecher dagegen und verpackt seine Ablehnung nur in ein paar freundliche Sätze.

Das klarste „Nein“, das in der schwedischen Businesskultur zulässig ist, kommt etwa so daher: „Das wird schwierig. Wir müssen schauen, ob wir das hinbekommen.“ Aussagen wie diese sind als hundertprozentiges No-Go zu deuten. Nicht-Schweden erkennen das meist erst nach wiederholten Bauchlandungen. Sollte der per se wettbewerbsfreudige Deutsche hoffen, dem Gesprächspartner oder Kollegen durch Aufbietung weiterer Argumente doch noch das Einverständnis abringen zu können, dann wird er vor zunehmend verschlossenen Mienen stehen. Weil nämlich der Schwede felsenfest davon überzeugt ist, er habe ganz klar „Nein“ gesagt. Warum versteht der andere das bloß nicht?

Missverständnisse vermeiden? Der „Kulturdolmetscher“ hilft!

Die Kommunikation in Schweden ist indirekt. Sagen wir es deutlich: wachsweich. Weder Business Partner noch Kollegen und Mitarbeiter lassen sich ohne Not eine klare Aussage entlocken. Gefährliche Themen werden wortgewandt umschifft. Ein „heißer Brei“ mag unübersehbar dampfend mitten auf dem Konferenztisch stehen, aber niemand wagt sich daran. Deutsche Manager, die neu in Schweden sind, stellt das oft vor Probleme. Ein „Kulturdolmetscher“ an ihrer Seite, zum Beispiel die schwedische Assistentin, ein mit der deutschen Kultur vertrauter Kollege oder ein externer Marktberater, kann das gegenseitige Verständnis verbessern und „Übersetzerdienste“ leisten.

Die indirekt geführte Kommunikation gewährt den Schweden die Freiheit, sich nicht festlegen zu müssen. Auf diese elegante Weise können sie abwarten, wohin sich die fragliche Angelegenheit oder die Mehrheitsmeinung entwickelt. Erforderlichenfalls können sie damit sogar früher bezogene Positionen räumen: „Oh – habe ich das gesagt? Das weiß ich jetzt nicht mehr so genau.“

Erleichternd kommt die schwedische Vorliebe für Vereinbarungen am Telefon hinzu. Wenn die anschließend nicht schriftlich festgehalten werden, steht womöglich Aussage gegen Aussage, und anders als in Deutschland wird niemand vor lauter Höflichkeit auf sein Recht pochen. Selbst im Geschäftsleben bleiben viele Dinge deshalb in der Luft hängen. Es wird sich schon lösen. „Det ordnar sig!“

Tatsächlich löst sich in Schweden wirklich vieles von selbst. Doch das ist Deutschen schwer zu vermitteln. Schließlich haben wir das Goethewort im Blut: „Nur was Du schwarz auf weiß besitzt, kannst Du getrost nach Hause tragen.“ Schweden denken aber nicht so. Wenn wir nicht wollen, kann man uns keine klare und verbindliche Aussage entlocken. Es ist uns extrem unangenehm, mit einem „Ja“ oder „Nein“ die eine Tür zu öffnen und die andere damit zu schließen (Achtung: Konflikt!). Wir mögen kein schwarz oder weiß, wir mögen Grauschattierungen. Wir halten uns am liebsten alle Optionen so lange offen, bis wir sicher sind, die beste Entscheidung treffen zu können. Und beim besten Willen: Das kann dauern.

Die einzige Möglichkeit, wie Sie als Deutscher einen Schweden zu einer verbindlichen Aussage bewegen können, besteht darin, unablässig und mit gleichbleibender Freundlichkeit nachzubohren: Habe ich das richtig verstanden? Stimmen wir in der Sache überein? Können wir das als Beschluss betrachten? Was ist noch nötig, damit wir die Angelegenheit abschließen können? Und sicherheitshalber sollten Sie sehr schwedisch am Ende noch einmal die Gefühlslage Ihres Partners überprüfen: „Wie geht's Ihnen mit unserer Vereinbarung? Ich habe ein gutes Gefühl dabei. Sie auch?" Das erst wird Ihnen zeigen, ob Ihr Partner nur mit dem Kopf oder auch mit vollem Herzen mit von der Partie ist. Für ein erfolgreiches Geschäft brauchen Sie beides.

Kommunikation im Netz mit doppeltem Boden

Der Austausch von E-Mails ist in Schweden mittlerweile gebräuchlicher als der von Briefen. Der Inhalt ist meist kurz und sachlich: „Versuchen wir es." Oder: „OK. Das machen wir so." Vielleicht wird auch einfach nur eine Zahl gesandt, ohne weiteren Kommentar, aber mit freundlichen Grüßen. Was Schweden nämlich am liebsten machen, ist telefonieren. Weil man den anderen dabei hört und zwischen den Worten seine Stimmung erspüren kann. Geschäftliche Telefonate zwischen Schweden haben große Ähnlichkeit mit Meetings: Ein Zuhörer aus Deutschland wird sich am Ende ratlos fragen, was um Himmels willen bei dem Gespräch herausgekommen ist. Denn er benötigt, um sich sicher fühlen zu können, einen wasserdichten, gleichsam in Stein gemeißelten Beschluss, nach Möglichkeit versehen mit den Unterschriften aller Partner. Ein Schwede braucht das nicht zwingend. Schließlich weiß er: Selbst eine feierlich unterzeichnete Urkunde lässt sich zurück abwickeln, wenn es wirtschaftlich geboten scheint.

Geschäfte können gut gehen, sie können sogar hervorragend laufen, sie können aber auch scheitern. Ähnlich wie in den USA, ist das in

Schweden nichts Ehrenrühriges. Es hat nicht geklappt, so what? Beim nächsten Mal wird es besser gehen. Die Fehlertoleranz in Schweden ist weit höher als in Deutschland. Über eigenes und fremdes Versagen wird großzügig hinweggeblickt. Schlimm ist nur, wenn man daraus nichts für die Zukunft lernt.

Murphy's Gesetz gilt auch in Schweden. Was tun, wenn's schief geht?

Während Deutsche darauf bedacht sind, möglichst keinen Fehler zu machen, sehen Schweden die Sache von der pragmatischen Seite: Niemand ist perfekt, deshalb kommen Fehler nun einmal vor. Punkt. Ob Vorstand oder Vorstandsfahrer: Alle Menschen denken, entscheiden und handeln zuweilen falsch. Das gilt als verwerflich, wird aber eher als Zeichen von Menschlichkeit betrachtet. Ein Manager, der seinen Fehler offen einräumt, erntet im Regelfall Applaus – nicht für sein Tun, aber für seine Ehrlichkeit. Insbesondere sein Team wird das schätzen, beweist es ihm doch, dass der Leiter, die Leiterin auch nicht vollkommen ist.

Anders als in Deutschland, gilt es in Schweden nicht als Makel, Schwächen zu zeigen, sondern Schwächen verbergen zu wollen. Offene Eingeständnisse wie: „Sorry, das war mein Fehler" werden mit großem Verständnis quittiert. Ganz im Gegenteil der Versuch, jemand anderes für eigene Fehler haftbar machen zu wollen. So etwas durchschauen Mitarbeiter und Kollegen sehr schnell, und an ihren Reaktionen kann man erkennen, was sie davon halten. Nicht nur der Respekt sinkt rapide, sondern auch das Vertrauen in den Menschen, der doch den gleichen Ansprüchen unterliegt wie man selbst.

„Unterwegs in Schweden"

Schon während der ersten Arbeitstage im Juli 2005 durfte ich als Geschäftsleiter von Bosch in Schweden erleben, wie wichtig der Sommer für die dortigen Kollegen ist. Es herrscht eine Art Ausnahmezustand: Ein Großteil der Mitarbeiter verabschiedet sich in die Ferien. Geschäfte und Behörden schließen, selbst die Kantine öffnet erst wieder im August. Letzteres führte dazu, dass ich rasch die Umgebung unserer

Stockholmer Niederlassung kennen lernte, weil ich nach Restaurants suchte, die ein „Dagens“, ein Mittagsmenü zum Festpreis, anboten. Mitte August waren alle Mitarbeiter wieder an Bord, und natürlich trafen wir uns zur „fikapaus“. In den kleinen Kaffeepausen wird über Geschäftliches und Privates gesprochen. Die Mitarbeiter freuen sich, wenn der Chef hin und wieder teilnimmt und auch über private Ereignisse spricht. So bot mir die „fika“ eine gute Gelegenheit zum Netzwerken vor Ort.

Schnell lernte ich auch die schwedische Konsenskultur kennen. Die Schweden schätzen es, wenn man sich eher zurückhaltend und nicht dominant verhält. In Sitzungen wird allen Meinungen und Einwänden Respekt gezollt. Dennoch muss man sich hüten zu glauben, dass damit alle einer Meinung sind. Meine Erfahrungen lehrten mich, dass man Entscheidungen nicht im Alleingang treffen sollte.

Vorsichtig wurde mir bedeutet, dass man manchmal das Tempo meiner Entscheidungsfindung nicht als angemessen erachte. Daher habe ich meine Fragen und Überlegungen zu wichtigen Themen frühzeitig in die Organisation gegeben. So können sich die Mitarbeiter abstimmen und fühlen sich eingebunden. Es ist also ratsam, bei Entscheidungen möglichst einen Konsens und somit eine gute Balance zu finden. Sich in Schweden auf die kleinen, aber feinen Gewohnheiten im dortigen Geschäftsleben einzulassen, bleibt also ebenso zu empfehlen wie das Erlernen der schwedischen Sprache – auch wenn sehr viele Schweden ein perfektes Englisch sprechen. Denn mit der Muttersprache kommt man auch in Schweden noch schneller gut an.

Holger Hellmich, Senior Vice President bei der Robert Bosch GmbH in Karlsruhe

Fehler offen einzuräumen, kann in Schweden – und nicht nur hier – sogar ein ganz unerwartetes Ergebnis bringen: Es verbindet die Menschen auf der Gefühlsebene und schafft Sympathie, wo vorher vielleicht nur Respekt bekundet wurde. Und auf eine zweite, sogar eine dritte Chance darf in diesem Land jeder vertrauen.

5 Was die Zukunft bringt

Worin sich Schweden und Deutschland ähneln, worin sie sich unterscheiden und was beides verändert

Es gibt Unternehmen, die ihre Geschäftskultur sehr bewusst in das andere Land tragen, weil sie sich von der Andersartigkeit einen Vorteil versprechen. IKEA spricht beispielsweise auch in Deutschland Mitarbeiter und Kunden mit dem familiären „Du“ an und hat sich damit ein jugendlich, unkompliziertes Image verschafft. Oder H&M: Das Einzelhandelsunternehmen hat seine Shop- und Sortimentspolitik erfolgreich von Schweden nach Deutschland exportiert. Und es gibt Unternehmen, die den neuen Markt eingehend studieren und dort so agieren, wie es die lokalen Kunden und Mitarbeiter gewohnt sind. Mit dieser Herangehensweise sind beispielsweise Siemens und Hornbach in Schweden sehr gut gefahren. Welches Ihr Weg ist, müssen Sie selbst entscheiden. Für beide sprechen gute Argumente.

„Neulich in Stockholm ...“

... auf der Messe „Schweden is(s)t läcker“, auf der wir unsere Fleischwarenspezialitäten vorstellen:

Ein schwedischer Messebesucher spricht mich mit Blick auf unsere bayrischen Fleischpflanzerl an: Es sei mutig, ausgerechnet mit deutschen Köttbullar nach Schweden zu kommen. Ich will schon die Vorzüge unseres Produktes ausloben, da fällt mir ein anderer Messebesucher ins Wort: Ob er die Fleischbällchen probieren dürfe? Natürlich lade ich ihn herzlich dazu ein. Gerade will ich meine begonnene Verkaufsargumentation fortsetzen, da unterbricht mich der noch kauende Besucher erneut: Ob er sich noch zwei Bällchen nehmen dürfe? Aber selbstverständlich. Mit entschuldigendem Blick wende ich mich dem ersten Interessenten zu und hebe erneut zu meiner Präsentation an. Nach knapp einer Minute dringt eine bekannte Stimme an mein Ohr: Ob nochmals drei Bällchen für ihn möglich wären? Das Ganze geht über mehrere Runden, bis der Messebesucher zum Schluss um sieben Fleischbällchen nachsucht. Ich hatte keine Chance, meinem Gesprächspartner durchgängig Firma und Produkt vorzustellen. Aber das war auch nicht mehr nötig: Die eindrucksvolle Verkostungs-Referenz hat unsere Mini-Fleischpflanzerl für sich selbst sprechen lassen. Mein Gast, neugierig geworden, probierte dann natürlich auch, ebenfalls wiederholt, und meinte, dass wir uns mit den bayrisch gewürzten Köttbullar absolut nicht verstecken müssten. Eine bessere Verkaufsförderung hätte man sich kaum ausdenken können.

Der legendäre Karl Valentin sagte einmal treffend: „Kunst ist schön, macht aber viel Arbeit." Ich sage aus privater und beruflicher Erfahrung: „Schweden ist auch schön, macht aber viel Spaß und nicht zuviel Arbeit." Auf geht's, probieren geht über studieren, wie dieses Beispiel zeigt!

Markus Aulbach, Metzgermeister und Geschäftsführer der Aulbach GmbH & Co. KG, Hösbach

Wenn die Globalisierung ihr bisheriges Tempo beibehält, dann werden sich in weniger als einer Manager-Generation die bisherigen Kulturunterschiede im Geschäftsleben weitgehend angeglichen haben. Wie schnell das geht, lässt sich schon heute beobachten. Immer mehr Studierende absolvieren einen Teil ihrer Ausbildung jenseits der heimischen Grenzen, und immer mehr Arbeitnehmer liebäugeln mit einem Job im Ausland und wagen tatsächlich diesen Schritt. Hinzu kommen das weltumspannende Internet und die von der Elektronik gestützten sozialen Medien. Facebook, Twitter, LinkedIn und Co. haben die persönliche Globalisierung enorm beschleunigt. Weder Schweden noch Deutschland noch ein anderes hochentwickeltes Industrieland lebt auf einer Insel. Angesichts offener Grenzen lässt der vermehrte Austausch die Kulturen ineinanderfließen und einander ähnlicher werden.

Für Schwedens Unternehmen ist der Inlandmarkt zu klein

Das gilt noch eher für Schweden als für Deutschland, weil das Land aufgrund seiner Größe stärker zum internationalen Handel und demzufolge zur Beachtung internationaler Attitüden gezwungen ist. Die Bundesrepublik Deutschland ist der größte Einzelmarkt in der Europäischen Union. Vielen deutschen Unternehmen genügt es völlig, innerhalb der eigenen Grenzen tätig zu sein. Schwedische Firmen hingegen müssen hinaus in die Welt, wenn sie ehrgeizige Wachstumsziele haben. Und für viele, die auf den skandinavischen Märkten Sicherheit gewonnen haben, ist Deutschland häufig die nächste Station auf dem Weg in die Welt. Wer Deutschland „schafft", hört man immer wieder, der schafft noch viel mehr.

Allerdings steht Deutschland bei manchen schwedischen Firmen im Ruf, ein schwieriger Einstiegsmarkt zu sein. Man müsse sich extrem gut darauf vorbereiten, berichten gelegentich besorgte einheimische Unternehmer. Auf keinen Fall dürfe man den Fehler begehen, den deutschen Markt als homogen und schon gar nicht „ähnlich" einzuschätzen und in dem einen Land erfolgreiche Konzepte schlicht auf den Zielmarkt zu übertragen. Aus Sorge vor dem Risiko zögern sie, das Wagnis einzugehen. Andere unterschätzen die Eigenarten des deutschen Marktes, weil sie ihn für spiegelbildlich und deshalb für leicht zugänglich halten. Wenn sie (eher über kurz als über lang) erkennen, dass das nicht funktioniert, geben anfangs enthusiastische Entrepreneurs enttäuscht auf. Das ist schade. Denn der deutsche Markt bietet große Chancen für das kleinere Schweden mit seinen agilen, innovativen Unternehmen und Unternehmern.

Die Länder und Märkte Skandinaviens folgen unterschiedlichen Gesetzen

Nur wird es mit dem schwedischen Ansatz: „Wir gehen einfach los und schauen, wie wir dort erfolgreich sein können – det ordnar sig" nicht gelingen. Jeder Eintritt auf einen neuen Markt fordert gründliche Vorbereitung und intensive Beschäftigung mit Land und Leuten, seiner tradierten Kultur und der Art und Weise, wie man dort arbeitet und wirtschaftet. Sieben Mal gründlicher noch mit Blick auf Deutschland, in dem sieben Mal mehr Konsumenten leben als in Schweden.

So wie begeisterte Schweden oft alle Bundesländer in einen Topf werfen und deren Eigenheiten unterschätzen, so übersehen expansionswillige Unternehmer aus Deutschland häufig die Tatsache, dass die Länder Nordeuropas längst nicht so homogen sind, wie der geografische Sammelbegriff „Skandinavien“ anzudeuten scheint. Gewiss haben Norweger, Schweden und Dänen eine ähnliche innere Grundhaltung in Bezug auf Freiheit, Gleichheit und Transparenz. Neben dieser großen Schnittmenge jedoch und deshalb erst auf den zweiten oder dritten Blick zu erkennen, haben die nordischen Märkte ihre jeweiligen Besonderheiten. Von ihnen geprägt sind sowohl die Verbraucher-Menschen wie die Mitarbeiter-Menschen, und wer das nicht sorgfältig genug analysiert, der wird nicht auf Anhieb überzeugen.

Viele deutsche Unternehmer und Manager halten Schweden für einen guten Einstiegsmarkt, um den ganzen Norden für sich gewinnen zu können. Gemessen an der Fläche und der Bevölkerungszahl ist es das größte Land im Norden. Die Wirtschaft ist ähnlich aktiv, beweglich und dynamisch wie in Deutschland. Forschung und Entwicklung werden in beiden Ländern auf ähnlichen Gebieten und mit Hochdruck vorangetrieben. Die Rohstoffindustrie, der Maschinenbau, die Energiewirtschaft und Hightech sind ähnlich weit entwickelt, der Dienstleistungssektor breitet sich in beiden Ländern in rasantem Tempo aus. Beide Länder sind anglophil, Englisch wird überall als Lingua Franca akzeptiert, aber dennoch sollte dabei Achtsamkeit bewahrt werden (siehe Kasten). Auch vom Bildungsstand her sind beide Länder durchaus vergleichbar. Und obwohl die deutsche Sparquote höher ist als die in Schweden, sind die Konsumenten beider Länder aufgeschlossen für Neues.

Englisch = Lingua Franca?

Viele Deutsche und fast jeder Schwede spricht und versteht Englisch. Viele Manager glauben daher, auf das Pauken schwedischer Vokabeln oder deutscher Grammatik verzichten zu können. Doch Vorsicht: Englisch ist nur vermeintlich eine neutrale Sprache. Ob Deutscher oder Schwede: Jeder füllt die Sprache mit Assoziationen aus seinem eigenen, kulturell vorgeprägten Kopf. Wenn Schweden beispielsweise fragen „Hur känns det?“ (deutsch: „Wie fühlt sich das an?“), dann ist nicht nach einer Emotion gefragt, sondern nach einer sachlichen Meinung in einer Angelegenheit. Etwa in der Mitte zwischen Vernunft und Gefühl steht das englische „How does it feel?". Hier wird das Gegenüber ebenso nach seinem Bauchgefühl gefragt. Merke daher: Auch in einer globalisierten Welt reicht Englisch nicht immer aus, um alle Zwischen- und Untertöne zu vermitteln und herauszuhören. Wer in Deutschland arbeiten oder Geschäfte machen will, sollte Deutsch lernen. Und wer dasselbe in Schweden vorhat, tut auch gut daran, sich etwas Schwedisch anzueigenen. Ausnahmsweise ist dies einmal sehr deutsch: So ist es. Punkt. Schluss.

Also ist doch alles wie zu Hause?

Nicht ganz. Während Deutschland bereits deutlich vom demografischen Wandel erfasst ist, ist in Schweden nach wie vor die Familie mit zwei Kindern das Ideal. Die vergleichsweise hohe Zahl von Immigranten und der steigende Anteil junger Schweden, die zum Studium oder zum Arbeiten ins Ausland gehen und wieder zurückkommen, lassen das Land atmen, geben ihm nicht nur einen internationalen Anstrich, sondern mehr und mehr ein solides multikulturelles Fundament. In vielerlei Hinsicht spiegelt das Land im Norden die Globalisierung der Welt wider, in einer Nussschale zwar, doch unübersehbar. Fast jeder zehnte Schwede ist im Ausland geboren oder hat wenigstens ein Elternteil mit Migrationshintergrund. Viele Schweden sind daher mehrsprachig. Schon im Kindergarten lernt man oft die erste Fremdsprache und in der Grundschule werden die Jüngsten mit dem Computer vertraut gemacht. Die Handydichte je Kopf der Bevölkerung ist in Schweden noch höher als die in Finnland. Die Offenheit der Menschen für alles, was auf der Welt geschieht, ist mit Händen zu greifen. Die meisten Schweden begrüßen diese Entwicklung, passt sie doch zu ihrem Verständnis von innerer und äußerer Freiheit.

Tradition und Neuzeit gehen in Schweden ineinander über

Unter der modernen Oberfläche jedoch leben die Traditionen der zurückliegenden Jahrhunderte weiter. Nicht etwa als „Clash of Cultures", sondern vielmehr als „Mash of Cultures". All das, woran die Menschen in Schweden hängen, was ihnen lieb und wert ist, woraus sie ihren Stolz beziehen und womit sie ihre Identität nähren, wird ganz selbstverständlich in den Alltag integriert. Während der Woche programmiert der Schwede SSL- Verschlüsslungen, und am Wochenende streicht er seine Stuga an. Seine Frau arbeitet im Krankenhaus mit modernster Medizintechnik und unterrichtet einmal in der Woche an der Folkhögskola (vergleichbar mit der deutschen Volkshochschule) traditionelles Korbflechten. Der Sohn baut in der Schule Webseiten und tut am Weihnachtsabend so, als wäre ihm der Onkel im roten Weihnachtsmannkostüm völlig fremd. Und nachdem die Tochter ihren Tanzauftritt als „drillflicka“ vor den Senioren des Orts mit wirbelndem Stab und silbernen Pom-Poms an den Händen absolviert, freut sie sich auf das Austauschjahr in Singapur und träumt von einer Karriere als Rechtsanwältin. Sie sind halt sehr pragmatisch, die Schweden.

„Ein Abend mit Rostbraten und Knödl“

Die Gruppe deutscher und schwedischer Geschäftsleute traf sich in der Eingangshalle des alten Schlosses zu einem Abendessen mit lokal-typischen Spezialitäten. Die vorangegangene Sitzung hatte nach festen Regeln unter dem Vorsitz eines der führenden Industriellen der Region stattgefunden. Das Thema der Diskussion war von großer Bedeutung für die strategische Weiterentwicklung der Geschäftsbeziehungen. Folglich hatten alle Teilnehmer während des Meetings ernste Mienen aufgesetzt und ihre formellen Rollen eingenommen. Vor dem herannahenden Abendessen im Festsaal des Schlosses war die auf der formalen Rangfolge der Gäste beruhende Tischordnung bekannt gegeben worden.

Das Abendessen wurde ein Erfolg. Es gab genügend Raum für gute Gespräche, in deren Verlauf so manche persönliche Beziehung geknüpft und gefestigt wurde. Bald schon entledigten sich die Teilnehmer ihrer Jacketts, danach wurden die Krawatten erst gelockert und später ganz abgelegt. Mit großer Aufmerksamkeit, wie es schien, registrierten die wenigen weiblichen Gäste, wie sich im Laufe des Abends die anfangs geschäftsmäßige Stimmung in ein gemütliches und kameradschaftliches Beisammensein verwandelte. Beim nicht allzu späten Ausklang des Diners bedankte sich der Gastgeber für einen ausgesucht schönen Abend mit Frohsinn und gutem Essen.

Die Moral der Geschichte: Suchen Sie immer nach einer Möglichkeit, geschäftliche Angelegenheiten mit einem gemütlichen Beisammensein zu kombinieren. Gerade während eines gemeinsamen Essens entwickelt sich gern ein gutes Gespräch, das oft zum gewünschten Ergebnis führt und Klarheit schafft über das, was geht und das, was nicht geht. Der persönliche Kontakt ist und bleibt entscheidend wichtig für den deutsch-schwedischen erfolgreichen Geschäftskontakt.

Ingemar Wareborn, Geschäftsführer der Bodafors Trä AB, Malmbäck, und geschäftsführender Gesellschafter der EuroHolz GmbH, Eisfeld

Allein schon aufgrund der großen Distanzen ist die Arbeit vom Home-Office aus ganz normal geworden; der Computer gehört ebenso selbstverständlich zu einem schwedischen Heim wie Kühlschrank und Knäckebrot. Der Neuankömmling ist deshalb so willkommen, weil er es Lars und Lisa möglich macht, ihr Privatleben noch besser mit den Anforderungen des Berufs zu vereinen. Nun können sie vielleicht schon am Donnerstag zu ihrem Sommerhaus fahren, am Freitag dort arbeiten und am Wochenende Freunde treffen. Wenn sie Lust auf Shopping haben, bummeln sie am Mittsommertag im Internet und chatten zu Weihnachten mit ihren Freunden auf der ganzen Welt. Und wenn sie über einer schwierigen Entscheidung grübeln und dazu ihre Kollegen befragen wollen, dann holen sie die für sie wichtigen Meinungen der anderen per E-Mail ein. Das alles gelingt in Schweden, weil das Privatleben stets in den Beruf hineinspielt und weil auch in der Freizeit gearbeitet wird.

Allmählich jedoch setzt in Schweden eine Diskussion darüber ein, ob das tradierte Modell der Verknüpfung von Arbeit und Familie noch lange Bestand haben kann. Denn zweifellos steigert der Wunsch, beide Sphären möglichst perfekt miteinander zu verbinden, den Stress, und zwar in jeder Beziehung: am Arbeitsplatz und in der Freizeit. Männer und Frauen, die sich die Familienarbeit oft vorbildlich teilen und dazu mit dem Beruf voll ausgelastet sind, geraten mehr und mehr ins Grübeln. Wo fängt die Freizeit an, wo hört die Arbeit auf, und ist es wirklich so erstrebenswert, beiden keine klaren Grenzen zu setzen?

Verblüffend anders denkt die Generation Y in Deutschland. Studien zufolge streben die zwischen 1980 und 2000 Geborenen, die gerade auf dem Arbeitsmarkt Fuß fassen, nach einer Auflösung der in Deutschland üblichen strikten Trennung zwischen Berufs- und Privatleben. Für sie scheint das schwedische Modell wegweisend, während junge Schweden im deutschen Modell eine Entlastung sehen. Nun, beides hat seine Vor- und Nachteile, und vermutlich werden sich Deutsche und Schweden in den nächsten Jahren aufeinander zubewegen.

Damit ist natürlich noch nicht bewiesen, dass sich die kulturellen Eigenheiten der Nationen in Auflösung befinden. Und solange dies noch nicht der Fall ist, kann man auch in Deutschland und Schweden getrost der auf den Heiligen Augustinus zurückzuführenden Empfehlung folgen: „When in Rome, do as the Romans do.“ Weltweit ist das der Schlüssel für gute Beziehungen, ob privat oder geschäftlicher Natur.

Was Ihnen als Unternehmer oder Manager noch zu tun bleibt? Ihnen obliegt es, diesen Schlüssel in das richtige Schloss zu stecken und die Türe aufzustoßen für ein erfolgreiches Business in Schweden und Deutschland.

Viel Erfolg und lycka till in Schweden!

6 Die Wirtschaft in Schweden und Deutschland im Vergleich

Zahlen, Daten, Fakten

Allgemein

1. Bevölkerung

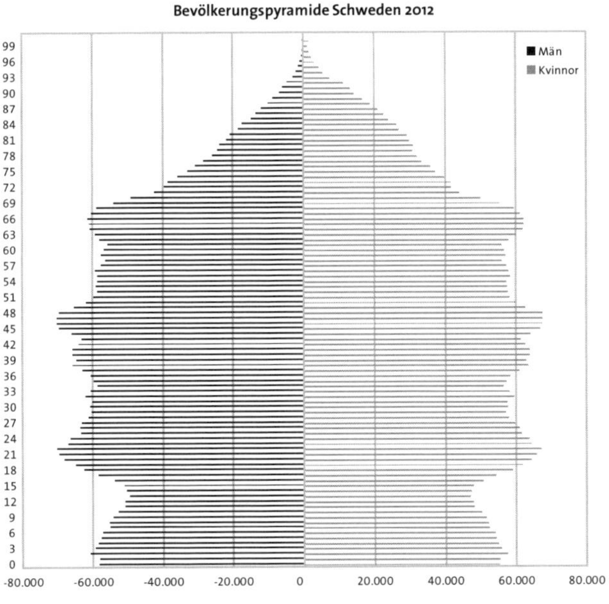

Schweden: 9.561.254
Bevölkerungswachstum: 0,78%

(März 2013; Quelle: Statistiska Centralbyrån)

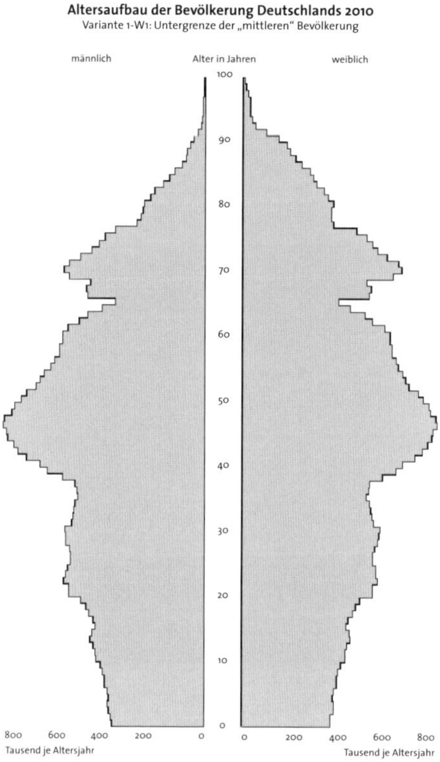

Deutschland: 81.751.602
(2010)

Bevölkerungswachstum: 0,02%
(2011)

(Quelle: Statistisches Bundesamt)

2. Größe des Landes

Schweden:	528.447 km^2
Deutschland:	357.121 km^2

(Quelle: Statistiska Centralbyrån; Statistisches Bundesamt)

3. Ausdehnung

Schweden:	Nord-Süd 1.574 km, Ost-West: 499 km
Deutschland:	Nord-Süd 876 km, Ost-West 640 km

(Quelle: Statistiska Centralbyrån; Statistisches Bundesamt)

4. Siedlungsdichte

Schweden:

Anzahl Einwohner je Quadratkilometer: 23,4

Anzahl Einwohner in den größten Städten:

Stockholm	(Stadt: 843.139, mit Umland 1,9 Mio.)
Göteborg	(500.000)
Malmö	(286.000)

(Quelle: Statistiska Centralbyrån)

Län	Buchstabe	Residenzstadt	Einwohner
Blekinge län	K	Karlskrona	152.734
Dalarnas län	W	Falun	276.730
Gotlands län	I	Visby	57.265
Gävleborgs län	X	Gävle	276.509
Hallands län	N	Halmstad	302.975
Jämtlands län	Z	Östersund	126.088
Jönköpings län	F	Jönköping	338.252
Kalmar län	H	Kalmar	233.129
Kronobergs län	G	Växjö	184.983
Norrbottens län	BD	Luleå	248.391
Örebro län	T	Örebro	282.066
Östergötlands län	E	Linköping	431.626
Skåne län	M	Malmö	1.256.922
Stockholms län	AB	Stockholm	2.109.202
Södermanlands län	D	Nyköping	273.728
Uppsala län	C	Uppsala	339.382
Värmlands län	S	Karlstad	272.915
Västerbottens län	AC	Umeå	259.110
Västernorrlands län	Y	Härnösand	242.252
Västmanlands län	U	Västerås	255.340
Västra Götalands län	O	Göteborg	1.594.807

(Quelle: Statistiska Centralbyrån)

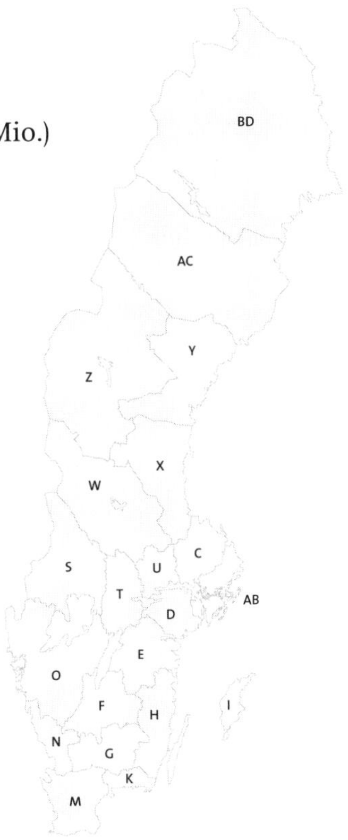

(Quelle: Statistiska Centralbyrån)

Deutschland:

Anzahl der Einwohner
je Quadratkilometer: 229

Anzahl Einwohner in
den größten Städten:

Berlin	(3,4 Mio.)
Hamburg	(1,7 Mio.)
München	(1,3 Mio.)
Köln	(1,0 Mio.)
Frankfurt am Main	(676.000)

(Quelle: Statistisches Bundesamt)

(Quelle: Statistisches Bundesamt)

Bundesland	Landeshauptstadt	Einwohner
Berlin	Berlin	3.416.255
Hamburg	Hamburg	1.770.629
Bayern	München	1.311.573
Baden-Württemberg	Stuttgart	597.176
Nordrhein-Westfalen	Düsseldorf	581.122
Bremen	Bremen	547.769
Niedersachsen	Hannover	518.069
Sachsen	Dresden	507.513
Hessen	Wiesbaden	275.849
Schleswig-Holstein	Kiel	236.902
Sachsen-Anhalt	Magdeburg	230.140
Thüringen	Erfurt	202.929
Rheinland-Pfalz	Mainz	198.118
Saarland	Saarbrücken	176.452
Brandenburg	Potsdam	150.833
Mecklenburg-Vorpommern	Schwerin	95.855

(Quelle: Statistisches Bundesamt)

5. Währung

Schweden: Schwedische Krone (skr), 1 skr = 100 Öre
(Schweden entschied sich 2003 in einer Volksabstimmung gegen den Eintritt in die Eurozone)

Deutschland: Euro (€); 1 € = 100 Cent
Wechselkurs (Stand März 2013): 1 € = 8,33 skr

(Quelle: OANDA)

Jahresdurchschnittliche Inflationsrate in Schweden:

2010	1,9%
2011	1,4%
2012	1,09%

(Quelle: http://de.inflation.eu/inflationsraten/schweden/historische-inflation/vpi-inflation-schweden-2012.aspx, Abrufdatum 5.12.2012)

Jahresdurchschnittliche Inflationsrate in Deutschland:

2010	1,1%
2011	2,3%
2012	1,98%

(Quelle: http://de.global-rates.com/wirtschaftsstatistiken/inflation/verbraucherpreisen/vpi/deutschland.aspx)

6. Bruttoinlandsprodukt (BIP)

Schweden:	419,74 Mrd. € (3500 Mrd. skr, 2012)
Wachstumsraten:	−0,5% (2009), 6,1% (2010), 3,9% (2011) 1,4% (2012)

(reale Veränderung ggü. Vorjahr; Quelle: Statistiska Centralbyrån)

Deutschland:	2.592,60 Mrd. € (2011)
Wachstumsraten:	−2,5% (2009), 3,7% (2010), 3,0% (2011)

(reale Veränderung ggü. Vorjahr; Quelle: Deutsche Bundesbank)

7. BIP je Einwohner

Schweden:	40.964 €	(Quelle: Statistiska Centralbyrån)
Deutschland:	31.437 €	(Quelle: Deutsche Bundesbank)

8. BIP-Entstehung

Schweden:

Dienstleistungen:	44,7%
Produzierendes Gewerbe:	14,1%
Baugewerbe:	5,2%
Energie- und Wasserversorgung, Entsorgung:	3,2%
Land- und Forstwirtschaft, Fischerei:	1,5%
Sonstige:	31,3%

(Quelle: Statistiska Centralbyrån)

Deutschland:

Dienstleistungen:	61,3%
Produzierendes Gewerbe (ohne Baugewerbe):	26,8%
Land- und Forstwirtschaft, Fischerei:	0,9%
Sonstige:	11,0%

(Quelle: German Trade & Invest, GTaI)

9. BIP-Verwendung

Schweden:

Privater und öffentlicher Verbrauch:	80,4%
Bruttoinvestitionen:	19,6%

(2011, Quelle: Statistiska Centralbyrån)

Deutschland:

Privater und öffentlicher Verbrauch:	77,3%
Bruttoinvestitionen:	17,6%
Außenbeitrag:	5,1%

(2011, Quelle: Statistisches Bundesamt)

10. Import/Export

Schweden:

Exportvolumen:	146 Mrd. € (ca. 1%)
Importvolumen:	138 Mrd. € (ca. 1%)
Hauptausfuhrgüter:	Holzerzeugnisse, Pappe, Papier, Karton, Pkw, Lkw, Maschinen, Elektro- und Telekommunikationsausrüstung, chemische Erzeugnisse, Eisen und Stahl. IT, Design und Musik
Haupteinfuhrgüter:	Erdöl, Automobile, Halbfabrikate, Maschinen, Bekleidung, Obst

(2011, reale Veränderung ggü. Vorjahr; Quelle: Statistiska Centralbyrån)

Deutschland:

Exportvolumen:	1.061 Mrd. € (ca. 11,5%)
Importvolumen:	903 Mrd. € (ca. 13,2%)
Hauptausfuhrgüter:	Automobile, Maschinen, Chemieerzeugnisse und schwere elektrische Geräte
Haupteinfuhrgüter:	Erdöl, Erdgas

(2011, reale Veränderung ggü. Vorjahr; Quelle: Statistisches Bundesamt)

11. Sektorale Verteilung der Erwerbsbevölkerung

Schweden:

Dienstleistungen:	70,4%
Industrie:	27,8%
Land- und Forstwirtschaft, Fischerei:	1,8%

(2008, Quelle: CIA World Factbook 2012)

Deutschland:

Dienstleistungen:	73,5%
Produzierendes Gewerbe:	24,4%
Land- und Forstwirtschaft, Fischerei:	2,1%

(2008, Quelle: Germany Trade & Invest, GTaI)

12. Beschäftigungsgrad

Schweden: 66,8% (Frauen 64,1%, Männer 69,3%)
(2012, Quelle: Statistiska Centralbyrån)

Deutschland: 52,7% (Frauen: 49,4%, Männer 55,9%)
(2011, Quelle: Bundesagentur für Arbeit)

13. Erwerbslosigkeit

Schweden: 7,8% (2012, Quelle: Arbetsförmedlingen)
Deutschland: 6,8% (2012, Quelle: Bundesagentur für Arbeit)

14. Akademikeranteil an der Gesamtbevölkerung

Schweden: 25%
(2012, Quelle: Statistiska Centralbyrån)

Deutschland: 12,1%
(2011, Quelle: Statistisches Bundesamt)

Über den Herausgeber

Die Deutsch-Schwedische Handelskammer
(Tysk-Svenska Handelskammaren)

Vor mehr als 60 Jahren in Schweden gestartet, verfügt die Deutsch-Schwedische Handelskammer mit Büros in Stockholm und Malmö über ein engmaschiges Netzwerk zu Entscheidungsträgern aus Unternehmen, Politik und Verbänden in beiden Ländern. Die ausnahmslos mehrsprachigen Experten der Handelskammer kennen sich mit allen Facetten des schwedischen und deutschen Marktes bestens aus und unterstützen bei der Suche nach Geschäftspartnern und Kunden, helfen bei der Unternehmensgründung und unterstützen Firmen, die bereits im Markt etabliert sind. Das breite Dienstleistungsspektrum beginnt bei der operativen Vorbereitung des Markteinstiegs und erstreckt sich über unternehmens- und arbeitsrechtliche Fragen sowie die Übernahme der Buchhaltung bis hin zu Steuerrecht und Marketing.

Über die Autorin

Ninni Löwgren

ist Master of International Business und verfügt über einen schwedisch-deutschen Hintergrund. Zweisprachig aufgewachsen in Süddeutschland mit schwedischer Mutter und deutschem Vater, stand sie schon immer im interkulturellen Spannungsfeld beider Länder. Seit 2000 arbeitet Ninni Löwgren mit wirtschafts- und handelsfördernden Aktivitäten bei Organisationen, wie der Invest in Sweden Agency, der Stadt Göteborg sowie der Deutsch-Schwedischen Handelskammer. Seit 2007 leitet sie dort die Abteilung Market Entry & Business Development. Im Rahmen Ihrer Tätigkeit führt sie regelmäßig interkulturelle Coachings für deutsche und schwedische Unternehmen, Behörden sowie Gewerkschaften durch, leitet Workshops, Seminare sowie individuelle Trainings für Manager und unterrichtet an Hochschulen.

Über die Gastautoren

Markus Aulbach

Gelernter Metzgermeister aus Bayern und in dritter Generation leidenschaftlicher Unternehmer und Geschäftsführer des Familienbetriebes Aulbach GmbH & Co. KG in Hösbach nahe Aschaffenburg.

Thorsten Gerdau

Seit mehr als zwei Jahrzehnten in verschiedenen Managementfunktionen im In- und Ausland für die Bayer AG in Leverkusen tätig. Seit er Anfang 2003 nach Schweden versetzt wurde hat der studierte Master of Business Administration verschiedene Stellen mit nordischer Verantwortung im Bereich Finance & Administration innegehabt und ist darüber hinaus seit Mai 2010 Geschäftsführer der schwedischen Bayer Tochtergesellschaft in Stockholm.

Liselotte Hjorth

Global Head of Commercial Real Estate bei SEB AB in Stockholm und Vorstandsmitglied bei der SEB AG in Frankfurt am Main. Geboren in Südschweden, studierte sie International Business an der Universität Lund. Von 1993 bis 2004 in verschiedenen Managementpositionen, zuletzt als Executive Vice President, bei SEB in Stockholm tätig.

Holger Hellmich

Senior Vice President und Verkaufsleiter Originalteile und Services für Automobilhersteller weltweit bei der Robert Bosch GmbH in Karlsruhe. Der Betriebswirt startete als Trainee bei Bosch und war unter anderem Länderreferent im Handelsvertrieb. Von 2005 bis 2010 führte er die Geschäfte der Bosch-Tochtergesellschaft in Schweden und war darüber hinaus verantwortlich für die Region Nordic (Skandinavien, Finnland, Baltikum).

Lars G. Josefsson

Physiker, Master of Science und ehemaliger Konzernchef der Vattenfall AB in Stockholm. Der international renommierte Manager wohnt in Stockholm und ist Gesellschafter der Robert Bosch Industrietreuhand KG in Stuttgart, Mitglied der Aufsichtsgremien der Robert Bosch GmbH und der Holmen AB in Stockholm sowie Vorsitzender des Boards und Präsident in zahlreichen Unternehmen in Schweden, Kanada, Großbritannien und den USA. Lars G. Josefsson ist Honorarprofessor für Physik an der Technischen Universität in Cottbus und Mitglied zahlreicher Akademien und Gesellschaften in und außerhalb von Schweden.

Karsten Keller

Chief Financial Officer (CFO) bei Schenker, Region North (Schweden, Norwegen, Dänemark, Großbritannien, Irland), in Göteborg. Bevor der studierte Diplom-Kaufmann im Bereich Strategy und e-business bei der Schenker AG in Essen begann, war er als Beteiligungsmanager bei der VEBA Telecom und der VEBA AG sowie als Analyst bei der Conoco Mineralöl tätig.

Cornelia Norén

Global Sales Manager bei QleanAir Scandinavia AB in Stockholm. Die in Deutschland aufgewachsene Diplom-Kauffrau war zuvor beruflich in der Schweiz und Polen tätig. Nunmehr ist sie mit einem Schweden verheiratet und lebt und arbeitet seit 2003 im Land.

Olof Persson

Geschäftsführer und Konzernleiter der AB Volvo. Er begann seine Karriere bei ABB und setzte sie mit Führungsaufgaben bei AdTranz und Bombardier fort. Im Volvo-Konzern war er zunächst Geschäftsführer der Tochtergesellschaften Volvo Aero und Volvo Construction Equipment. Seit September 2011 steht Olof Persson an der Spitze der AB Volvo in Göteborg.

Stephan Stahl

Als Leiter der Scandic Business School verantwortlich für Weiterbildung und Organisationsentwicklung bei der schwedischen Hotelgruppe Scandic. Amerikanischer und schwedischer Staatsbürger, studierte und praktizierte er Hospitality Management in Deutschland und in den USA. Seit 25 Jahren ist Stephan Stahl in Führungspositionen im internationalen Hotelmanagement tätig.

Ingemar Wareborn

Geschäftsführender Gesellschafter (VD) der EuroHolz GmbH in Eisfeld/Thüringen sowie der Bodafors Trä AB in Malmbäck/Schweden. Zuvor hatte er das Examen als Civilekonom an der Handelshochschule in Göteborg abgelegt und war bei Bodafors Trä AB in Malmbäck bis zum VD und Konzernchef aufgestiegen. Ingemar Wareborn ist unter anderem Vorsitzender der schwedischen Sägewerksvereinigung Sågi-Syd und Vizepräsident der Deutsch-Schwedischen Handelskammer in Stockholm.

Stichwortverzeichnis

A

Agenda 9, 17, 32
Ähnlichkeit 7, 14, 16, 43, 78
Akademiker 66, 71, 97
Akquise 63
Alternativen 30f, 33f
Altersvorsorge 51
Arbeitsmarkt 88, 96
Arbeitsplatz 34, 36, 73, 87
Arbeitsvertrag 37f
Augenzwinker-Trick 47f
Ausbildung 82

B

Berufsleben 24, 70
Bescheidenheit 42, 51
Bilateral 8, 12, 18, 28, 52, 54
Bildung 22, 84
Binnenmarkt 18
Bosch 7, 79f, 101
Botschaft 8, 47
Bottom-up 45
Branchennetzwerke 48
Bruttoinlandsprodukt 94
Business 8f, 12, 15f, 18, 30, 34, 75, 77, 88
Businesskultur 14, 36, 76

C

Chance 12, 23, 51, 58, 74, 80, 82f
Curriculum Vitae 25

D

Deadline 50
Differenz 14, 24, 74

E

E.ON 10
Egalitär 22, 25
Ehrgeiz 30, 83
Eigenverantwortung 64f
E-Mail 39, 59, 78, 87

F

Facebook 82
Familie 12, 14f, 59, 66, 68, 85, 87
Fehler 30, 50, 58, 65, 74, 79f, 83
Fehlertoleranz 79
Feiertage 68f
Fettnapf 58f
Flexibilität 36, 51, 55, 73
Freiheit 51, 64, 77, 84f
Führung 12, 30, 36, 45, 72
Führungskraft 9, 13, 18, 20, 24, 46, 63f, 68, 71, 74

G

Gemeinsamkeit 7f, 24, 42f, 53, 60
Gemeinschaft 20, 26–30, 38, 55, 71
Generation Y 88
Gerechtigkeit 71

Geschäftsbeziehung 40f, 86
Geschäftskooperation 18
Geschäftskultur 7f, 11, 13, 15, 18f, 34, 36, 43, 47, 56, 81
Geschäftspartner 7, 10, 12ff, 16, 18, 28f, 38–42, 44f, 50, 54, 57, 59f, 68, 99
Glaubensgrundsatz 26, 31
Gleichheit 22, 28, 62, 66, 84
Gleichstellung 22
Global 23
Global Player 18, 34
Globalisierung 11, 18, 82, 85
Gruppenbesprechung 55

H

H&M (Hennes & Mauritz) 7, 10, 34, 81
Handelskammer 8f, 48, 50, 99
Heidelberg Cement 10
Herkunftsland 14
Hierarchie 13, 22, 27, 30
Home-Office 87
Hornbach 10, 81

I

Identität 85
Ikea 7, 10, 34, 81
Integration 18, 24
Internet 34, 82, 87

J

Jantes Gesetz (Jantelagen) 27

K

Kaffeepause (fikapaus) 44, 59, 73f, 80
Kinder 20, 37, 68, 85

Kinderbetreuung 22, 66
Kindergarten 27, 36, 66, 68, 85
Klassenunterschiede 66
Kommunikation 24, 45, 53, 74–78
Kompromiss 30, 53, 56
Konflikt 30f, 55f, 72, 74, 77
Konsensbildung 17
Kontaktpflege 39–41
Kooperation 18, 29, 39, 59
Kooperationspartner 52
Körpersprache 50
Köttbullar 81f
Kreativität 36, 47
Kulturdolmetscher 77
Kulturunterschiede 82

L

Lindgren, Astrid 12
LinkedIn 82

M

Malmö 7, 9f, 53, 91, 99
Marketing 23f, 99
Markt 7, 9f, 12, 15, 18, 23, 52, 74f, 77, 81, 83f, 88, 99
Meeting 12f, 26, 30ff, 34f, 40, 46, 54–57, 59, 65, 68, 74, 78, 86
Mentalität 15, 23, 29, 45, 51
Miele 7
Mittsommer 59, 69f, 87
Murphy's Gesetz 79

N

Netz 78
Netzwerk 80, 99
Norrköping 9, 18

O

Office Politics 53
Organigram 49, 63
Organisation 34, 63f, 68, 80
Organisationsstruktur 34, 36, 62

P

Präsentationen 49, 67, 82
Privatleben 38, 66, 68, 70, 74, 87f

Q

QleanAir Scandinavia 23

R

Rangunterschied 59
Risiko 51, 53, 83
Rote Tage (roda dagar) 62

S

SCA 10
Schenker 10, 17
Schurz, Carl 37
Schwäche 30, 35, 46f, 79
Schwedische Kronen 93
SEB 10, 34, 58, 100
Selbstbewusstsein 29f, 63
Siedlungsdichte 91

Siemens 10, 81
Soft Values 23
Sozialisation 15
Sozialstaat 21f, 38
Sprache 16, 43, 80, 84
Standesunterschiede 62
Statusymbol 52, 60
Stockholm 8 – 10, 24, 33, 39, 54, 58, 75, 80f, 91, 99 – 103
Stora Enso 10
Stress 34, 87
Synergieeffekte 31

T

Tabu 10, 15, 52
Team 11, 17, 22, 24f, 27, 29f, 32f, 35, 44, 50, 54, 59, 61f, 64f, 68 – 71, 73, 79
Telefonieren 78
Top-down 45
Tradition 27, 34f, 46, 52, 62, 73f, 85f
Transparenz 18, 36, 66, 84
Twitter 82

U

Unterschiede 7ff, 15, 18, 43, 48f, 52, 56f, 75

V

Vattenfall 10, 54, 101
Verantwortung 43, 48, 64f
Verbände 48, 99
Vertrauen 12f, 15, 43–45, 54, 79f
Völkerfreundschaft 11
Volvo 7, 10, 44, 102
VW (Volkswagen) 7, 10

W

Währung 93
Werte 36, 43, 75
Wettbewerb 10, 20, 22, 30, 48, 76
Wikinger 27
Wirtschaftsvereinigungen 48
Wohlstandsniveau 21
Work-Life-Balance 38, 62, 68

Z

Zeitmanagement 68
Zusammenarbeit 11, 20f, 29, 39f, 55f, 58, 62
Zutrauen 45

Für Ihren schwedischen Geschäftspartner liegen dem **Schwedisch-Deutschen Businessführer** weitere Informationen zur deutschen Geschäftskultur bei – naturligtvis på svenska!

Notizen

Tysk-Svenska Handelskammaren
Ninni Löwgren

Din guide till tysk affärskultur

Tysk-Svenska Handelskammaren
Ninni Löwgren

Din guide till tysk affärskultur

Frankfurter Allgemeine Buch

Bibliografische Information der Deutschen Nationalbibliothek
Die Deutsche Nationalbibliothek verzeichnet diese Publikation in der Deutschen Nationalbibliografie; detaillierte bibliografische Daten sind im Internet über http://dnb.d-nb.de abrufbar.

Tysk-Svenska Handelskammaren
Ninni Löwgren

Din guide till tysk affärskultur

Frankfurter Societäts-Medien GmbH
Frankenallee 71 – 81
60327 Frankfurt am Main
Geschäftsführung: Hans Homrighausen

Frankfurt am Main 2013

Frankfurter Allgemeine Buch

Umschlag/Satz Anja Desch, F.A.Z.-Institut für Management-, Markt- und Medieninformationen GmbH, 60326 Frankfurt am Main

Titelbilder © thinkstock

Druck Kösel GmbH & Co. KG, Am Buchweg 1, 87452 Altusried-Krugzell

Printed in Germany

myclimate neutral

Lär dig förstå tyskarna – och gör bra affärer i Tyskland

Vi svenskar tror ofta att tyskarna är väldigt lika oss själva. Tyskland ligger inte enbart geografiskt nära utan är även ända sedan Hansatiden en av våra absolut viktigaste handelspartner. Dessutom vet vi att Sverigebilden är ytterst positiv och levande i Tyskland. Alla känner till Pippi Långstrump, Ikea står för den ledande inredningssmaken från Flensburg i norr till Rosenheim i söder, Kurt Wallander och kommissarie Beck förfogar över en trogen läsarkrets och otaliga älgdekaler på tyska bilar visar att där finns många människor som älskar både skärgård och skogar. Sverige står för natur, avslappnad stil, tradition och innovation. Sådant gillar tyskarna, och så skulle de gärna vilja se sig själva. Man tycker om spegelbilden som känns igen hos den andre.

Men närheten kan vilseleda och det är just den förmenta likheten som kan utgöra ett laddat spänningsfält. Nästan alltid bedömer vi andra efter oss själva. Och då kan vi helt oväntat stöta mot vassa klippor. Kulturella skillnader förekommer nämligen mycket väl, och det gör ont att inte ta hänsyn till dem, inte minst inom affärslivet.

Trots att Sverige och Tyskland under många decennier har skapat ett ekonomiskt högst framgångsrikt utbyte med ömsesidigt förtroende och trots att handeln länderna emellan växer för varje år, så inträffar allt som oftast missförstånd som hade kunnat undvikas ifall man kände varandra ännu bättre. Pragmatiska som vi svenskar är försöker vi oss ofta på samarbetet med tyska affärspartner utan att i förväg ta reda på var skillnaderna ligger mellan våra kulturer – vilket kanske hade varit en självklarhet för oss om samarbetet gällde en nation i en annan världsdel. Affärsrelationerna över gränserna är inget självspelande piano, som många tycks tro när det gäller just Tyskland. Och eftersom den tyska marknaden oftast utgör ett första steg i internationaliseringsprocessen utanför Norden samt kan utgöra en kraftfull språngbräda för en vidare expansion blir en lyckad etablering av stor betydelse.

Kulturen ligger i ryggraden

Kultur omfattar ett samhälles och därmed individers gemensamma värderingar, inställningar, normer, kunskap, moral/etik, regler och beteenden, som påverkar hur den enskilda människan känner, tänker, agerar samt ser sig själv och andra. Kulturen har direkt påverkan på den rådande affärskulturen i landet eller regionen och därmed på områden som beslutsfattande, kommunikation, informationshantering, motivation etc. Eftersom kulturen både bygger på samhällets historiska bakgrund och individens familjära uppväxt, bär vi med oss den vart vi än går – djupt förankrat, oftast omedvetet, i vår ryggrad och den låter oss (re)agera instinktivt i enlighet med den.

Lyckligtvis är det mycket som är rätt när det gäller svensk-tyska affärsrelationer. Men ett eller annat skulle kunna gå ännu bättre än det redan gör. Även i ett land som man tror sig känna väl lyckas bara den företagare som vet vilka tangenter man ska slå an i kommunikationens klaviatur – och vilka man helst låter bli. För att lära sig det måste man jämföra sin bild av den förtrogne och samtidigt främmande affärspartnern med verkligheten. Samtidigt som man behöver reflektera över den kultur som präglat och format det egna beteendet för att förstå vilka signaler man sänder till motparten och genom vilket filter man möjligtvis tolkar dennes agerande. Det är det denna skrift är ämnad att hjälpa till med.

Som central förbindelselänk och partner för näringslivs- och handelsrelationer mellan Tyskland och Sverige är Tysk-Svenska Handelskammaren väl insatt i det interkulturella spänningsfältet länderna emellan. Våra praktiska erfarenheter från det dagliga arbetet med tyska och svenska företag visar tydligt hur viktigt det är för goda ömsesidiga affärer att beakta de kulturella olikheterna. Med vår inblick och kännedom vill vi bidra till att undvika spänningar och klavertramp som oftast enbart beror på missförstånd.

Apropå missförstånd. De undviks naturligtvis bäst genom att, vid sidan om kulturen, även lära sig förstå och tala landets språk. Bara man talar lite tyska tas det emot väldigt positivt.

Helgdagar och andra stressfaktorer

Att en viktig helgdag närmar sig går inte att missa i Tyskland. Bensinpriserna stiger och människorna blir allt mer stressade. Jul och påsk är lika betydelsefulla som i Sverige, midsommar passerar obemärkt och på nationaldagen den 3 oktober, där Tysklands återförening firas, ljuder högtidstalen över hela landet. I vissa delar av Tyskland, främst kring Düsseldorf, Köln, Mainz och Freiburg, spelar karnevalsdagarna mot slutet av vintern en stor roll. Från torsdagen i karnevalsveckan till tisdagen veckan därpå vilar nästan hela affärslivet i många städer utmed Rhen. Den som ändå vill eller måste jobba bör efter karnevalen absolut bli påmind om allt man kommit överens om.

Hur tyskarna fungerar – och varför

Föds man som en av 82 miljoner tyskar inser man tidigt nödvändigheten av att skilja sig från mängden. Man har självklart även här en mänsklig önskan om att bli sedd, uppmärksammad, accepterad och uppskattad. Tävlingen om det bästa utgångsläget börjar därför tidigt i Tyskland.

Vad man måste veta i det här sammanhanget är att "konkurrens" är ett begrepp med positiv klang i Tyskland. Det syftar till hoppet om något glädjande, en seger, en vinst eller åtminstone chansen till en sådan. Och om många bemödar sig på det viset kommer framgången med all säkerhet att infinna sig. I vilket fall är det så de flesta tyskarna ser det.

Din första dag i det tyska teamet

Inom den tyska affärskulturen värdesätter man fasta strukturer, processer och former som har visat sig vara gångbara och därför sällan ifrågasätts. Samtidigt uppvisar de flesta företagen en utpräglat hierarkisk organisationsstruktur. För svenska ledare är det ofta nytt. Många känner sig störda i sitt vanliga arbetssätt. De känner sig berövade sin kreativitet och upplever att de får en roll som ensamvarg som inte passar dem; det gör dem otrygga och kan slutligen leda till att man inte trivs lika bra på jobbet.

Här kan ”blinkningsknepet” åstadkomma mirakel. Det fungerar bäst direkt i början då du som ny länk i teamet, som medarbetare eller chef, presenterar dig för kollegerna. Ett exempel som kan förtydliga detta knep kan avse en svensk som blir chef i Tyskland och som vill påpeka skillnaden avseende tilltal mellan en tysk och en svensk arbetsplats: ”Som ni vet kommer jag från Sverige. Vissa saker görs annorlunda hos oss än ni är vana vid i Tyskland. Säkert inte bättre eller sämre, men just annorlunda” (blinkning). ”Hos oss säger man till exempel du till varandra och jag trivs bäst med att få säga du till er. Då blir det också lättare att tala öppet med varandra, tycker jag” (blinkning). ”Men om ni hellre vill säga Herr Eriksson är det också okej. Ni är ju ändå femtio personer, jag är bara en. Gör som ni trivs bäst med. Fundera i lugn och ro. Och annars: jag heter Lars” (ingen blinkning!).

OBS! Tänk på att tysken är väldigt noga med det korrekta tilltalet. Som medarbetare bör du inte erbjuda ”du:et” gentemot din chef. Inom ett jämbördigt team kan det dock däremot vara accepterat att tillämpa ovanstående exempel på dina blivande kollegor.

Knepet fokuserar i grunden på att öppet påpeka skillnader mellan olika kulturer. Att vara öppen, bjuda på sig själv och ta upp frågan med glimten i ögat kan underlätta för båda parterna att reflektera över sitt eget beteende och acceptera den andres.

Dessutom: Sverige har en mycket god image i Tyskland och det svenska sättet anses generellt som positivt. Att aktivt spela med sin förankring i den stereotypa svenska affärskulturen i kommunikationen med tyskar har många gånger visat sig vara ett bra verktyg i sig för att försöka uppnå sina mål i svensk-tyska förhandlingar eller samarbeten.

För tyska medarbetare är det fullständigt normalt att ständigt se sig själva tävla med kollegerna och behöva hävda sig gentemot dem. De är uppvuxna med övertygelsen om att senast från den dag man kliver in i yrkeslivet behöva skilja sig från andra, utmärka sig, överträffa och vara bättre än andra. För att säga det rent ut: att behöva vara överlägsen. I motsats till Sverige är Tyskland ett land där kulturen i hög grad är individuellt präglad; den enskilde räknas mer än gemenskapen – både inför sig själv och i omgivningens och sam-hällets ögon. Det handlar om den utilitaristiska tanken: bara om var och en är sin egen lyckas smed kommer framgången att vara till gagn för helheten.

Alla tävlar med alla – och tycker att det är okej

Därför är det helt normalt för tyska chefer att regelbundet dela in sina medarbetare i olika kategorier: de som presterar, de som åker med och de som presterar mindre. Personalavdelningar ber löpande om dessa individuella bedömningar och cheferna ombeds att ge ett skriftligt omdöme om Herr Meier eller Frau Müller och alla andra kollegor. Vem uppfyller förutsättningarna för ett karriärkliv och vem gör det inte? Vem har förtjänat en lönehöjning? Vem klättrar uppåt på den företagsinterna prestigeskalan och vem halkar neråt? Den som bedöms på det viset tar inte illa upp. Kanske blir man förargad om man inte lyckats ett visst år, men man blir också sporrad att ge ännu mer året därpå för att stiga i graden framöver.

De flesta tyskar sticker inte alls under stol med sin ambition. Eftersom de utgår från att andra är lika målinriktade som de själva, tar de inte illa upp om någon demonstrativt framhäver sin förmåga eller sina prestationer. Tvärtom. Det är en förutsättning för att lyckas i den ytterst konkurrensutsatta tyska miljön och kan ses som en konsekvens av att man som en av 82 miljoner ständigt behöver legitimera sin roll, visa att man är rätt person på rätt plats. Detta är däremot något som svenskar oftast har ytterst svårt för. Vi tycker inte om när andra lyfter fram sig själva för att markera vad de vet, kan och äger. I samarbetet med tyska affärspartner och kollegor måste man dock till en viss grad ge sig in i det spelet. Annars är det lätt hänt att tysken drar den motsatta slutsatsen: du vet inget, kan inget, har inget. Och då är du oåterkalleligt ute ur leken...

Uppe och nere: hierarkin visar var alla står

Tron på hierarkin som det rätta ledarskapet och den primära organisationsmodellen har i Sverige så gott som försvunnit. I Tyskland däremot är den fortfarande ytterst utbredd och levande. Med en tung historisk bakgrund med krig och inflation samt erfarenheter i att den politiska och sociala kontexten har kunnat ändras över en natt har behovet av kontroll, att minimera risker och önskan efter tydliga strukturer förstärkts i den tyska kulturen. Det har traditionellt varit viktigt för tyskar att vara medveten om sin rangordning både i samhället och på arbetsplatsen. Den komparativa positioneringen ger trygghet och skapar ordning samtidigt som den ger en möjlighet att definiera basen från vilken man kan jobba sig uppåt.

Även om den sociala mobiliteten uppåt under de senaste åren verkar ha minskat enligt sociologer, är det fortfarande lockande att ställa sig i spetsen för en arbetsgrupp eller att få fungera som ordförande. Det sägs kanske inte alltid rakt ut, utan det kan döljas något dimmigt i strävan efter ”yrkesmässiga perspektiv”. Med det menas dock alltid en ledande post.

Visa positionen

En typisk powerpoint-presentation gjord av en tysk brukar ofta börja så här: Direkt efter titelbladet följer företagshistorien, inte sällan prydd med en bild på firmans grundare. Sedan företagets siffror och en grafisk framställning av dess organisationsstruktur där rutan som visar var den föredragande hör hemma gärna markeras. Senast efter tre minuter vet lyssnarna vem som står under, över och vid sidan av talaren. På det viset kan de avgöra dennes roll och därmed även talarens inflytande och mandat inom företaget. Och, eftersom man gärna utgår ifrån sig själv, är det precis ett sådant upplägg av en presentation som man i Tyskland väntar sig och gärna vill se även av en utländsk affärspartner.

Kunskap är makt

I Tyskland betyder information det samma som makt. Den som har större eller tidigare kunskaper om något än kollegan eller affärspartnern förfogar över en viktig marknads- och konkurrensfördel, även om det handlar om nog så kort tid. Därför sprids generellt inte information utan vidare generöst, varken inom företaget eller bland affärspartner, kunder och leverantörer. Tvärtom. Den betraktas som värdefullt gods, vaktas noggrant och används gärna strategiskt eller taktiskt. Helt annorlunda än i Sverige. Här är vi vana vid att all information flödar fritt, eftersom det alltid i första hand gäller saken. Det mesta är transparent och hemligheter är tämligen tabu. Det finns alltså ingen anledning att hålla inne med information. Dessutom tänker svenskar som lagspelare: varför skulle en enskild människa vilja råda över en information som skulle kunna gagna helheten?

Även om tysken oftast via media känner till att Sverige definieras som ett "Gläserne Gesellschaft" (genomskinligt samhälle) så är man inte van vid att hantera detta. De olika synsätten har stora konsekvenser för samarbetet mellan svenskar och tyskar. En svensk anser det vara helt normalt eller till och med nödvändligt att ha insyn i alla viktiga fakta inom sitt arbetsområde eller inför ett affärssamarbete med en extern partner.

En tysk däremot kan lätt bli förvånad om han eller hon får en viktig information av en svensk utan att ha bett om den. Många tycker nog att det skulle vara märkligt om någon frivilligt vill dela med sig av sin kunskap. Man avstår då på sätt och vis från en fördel i det stora spelet om att klättra på karriärstegen. Eller, vid en förhandlingssituation företagspartner emellan, kan tysken uppleva det som att svensken därmed sätter mötets essentiella "stridskaraktär" ur funktion. Alltså misstänker tysken att något är skumt och kanske inte litar fullt ut på svenskens uppgifter. "Vad är haken?", tänker den konspiratoriske, tävlingsorienterade tysken och börjar känna sig allt mer obekväm. Enligt denne bör man snarare förhandla om värdefulla kunskaper innan man sprider dem.

De olika uppfattningarna innebär en risk att tyskar tolkar och värderar den svenska informationen annorlunda – möjligtvis fel – och på grund av detta fattar felaktiga eller mindre bra beslut.

Den tyska beslutsprocessen

När tyskar måste (eller snarare får) fatta beslut är de på jakt efter den ultimata lösningen. Eftersom de favoriserar en kontrollerad tillvaro och tydliga ramar finns det i den tyska världsbilden alltid enbart EN lösning inom en definierad kontext och ett givet tidsfönster. Detta skiljer sig tydligt från den svenska modellen där beslutsprocessen snarare kan anses vara rörlig och där olika alternativ diskuteras löpande och kanske även testas parallellt. För att finna den ultimata lösningen utgår tyskarna gärna medvetet eller omedvetet från ett fast schema. På det viset blir beslutsprocessen rationell, rak och kort. De tre stegen lyder:

1. Diagnosticera problemet
2. Identifiera möjliga lösningar
3. Välj den bästa och/eller snabbaste lösningen – och GO!

I regel fungerar denna metod utmärkt. Förutsatt att alla nödvändiga och tillgängliga fakta har inhämtats under processen och att samtliga tänkbara alternativ till lösningen verkligen har övervägts. Eftersom beslut för det mesta fattas av en enskild person eller en liten grupp (som på tyska kallas ”beslutsbärare”) kan det hända att någon aspekt här och var hamnar utanför blickfältet. Det kan dock accepteras – saken är i vilket fall som helst utagerad och man kan återvända till dagsverket.

När beslut har fattats är det definitiva. De kan ses som ”huggna i sten” och för en tysk anses det närmast omöjligt att ändra på dem. För det mesta fattas besluten i Tyskland uppifrån, och på samma sätt förverkligas de också, stringent och på order. Det är därför man är chef, tänker tysken. Förutom att finna problemlösningar hör just beslutsfattandet till jobbet.

Därför känner den tyska chefen sig ytterst osäker när denne står inför flera handlingsalternativ vilkas framgångsprognos man inte genast kan överblicka. Visserligen kan nattsömnen påverkas, men att helt enkelt fråga sina medarbetare, som man förmodligen skulle göra i Sverige, är ofta otänkbart för de flesta tyska cheferna. Att be en kollega eller rent av en medarbetare om råd uppfattas överallt mellan Aachen och Görlitz som ett svaghetstecken. Ett tips för svenska företagare och ledare som vill göra affärer i Tyskland är därför att uppträda självsäkert och bestämt. Det ingår i rollen.

Deadline är heliga

När en tysk kund eller uppdragsgivare ger tidsanvisningar som den svenska partnern eller medarbetaren går med på måste överenskommen deadline absolut hållas. Inte sällan får förundrade tyskar följande fråga från sina svenska affärspartner, leverantörer eller kollegor: ”Visserligen vet vi att det är sista dagen för offert-inlämningen, men vi är ännu inte färdiga. Är det okej om vi skickar materialet i övermorgon?” Nej, det går inte an. Som svensk mår man vara nog så övertygad om att två extra dagar kan ligga inom ramen. Men i Tyskland är en avtalad tidpunkt orubblig, rent av helig. Förseningar som accepteras eller anses oundvikliga i Sverige godtas inte i Tyskland. Håller man sig inte till överenskomna tider är man ute ur leken – både internt inom den egna organisationen och bland affärspartner. Som exempel kan nämnas: ett tyskt företag skickade tillbaka en leverans som var någon dag försenad till den svenske affärspartnern – förseningen accepterades inte.

Tyska chefer hyser ofta föga förståelse för det långa sökandet efter en lösning som stöds av så många som möjligt och som är så vanligt i det konsensusälskande Sverige. En tysk affärsman kunde under sin tid som VD för dotterbolaget i Sverige t.ex. få försynta antydningar från sina svenska kollegor om att hans ”höga tempo vid beslutsfattandet inte ansågs vara lämpligt”. Som tysk däremot kan man lätt bli irriterad när den ena eller andra punkten hamnar på dagordningen i möte efter möte utan att kunna avskrivas från agendan. Varför skulle det vara så svårt att bestämma sig för antingen A eller B, suckar de. Varför tar det så lång tid i Sverige? Kan man inte bara komma överens om ett tillvägagångssätt? Visst, ett par människor kommer då säkert att gå emot, men projektet måste ju komma vidare. Bara motståndarna får se hur bra lösningen (den ultimata lösningen!) fungerar i praktiken kommer de att ändra sig. Det är tyska chefer helt säkra på.

Samtidigt har tyskar svårt att förstå hur och när ett beslut har fattats på ett av de, som de upplever det, otaliga möten i Sverige. Eller som en tysk chef på en stor internationell koncern i Sverige uttrycker det: "I början (av min tid i Sverige) förstod jag inte vem som egentligen fattar besluten. Olika lösningsförslag tas upp inom ett team, där de sedan diskuteras och ett alternativ slutligen väljs ut utan att det finns med någon synlig och uttalad beslutsfattare i rundan. Vi tyskar upplever denna process som långsam och inte beslutskraftig." Som tysk affärsman saknar man de hårda, tuffa diskussionerna och kanske även kravet på sig själv att få rätt och att högljutt ha fått kämpa sig till denna seger. Den (öd)mjuka svenska varianten kan tolkas som att det saknas ett uttalat commitment. För vi ska i detta sammanhang åter komma ihåg att den tyska affärsmannen alltid kämpar främst för sig själv och det företag denne representerar – inte nödvändigtvis för gruppen, teamet eller den aktuella samarbetskonstellationen.

Så när de svenska deltagarna lämnar mötet vet de av någon underlig anledning alla, vad det beslutats om och vem som ansvarar för vilka kommande steg i arbetsprocessen. Tyskarna däremot, som förvånats över att mötet avstannat utan synbart officiellt avslut, vet varken ut eller in. De pratas bland dem ofta om svenska "magic meetings". Medan svenskarna tycks veta vad som beslutats letar tysken förtvivlat efter någon sorts dokumentation för ett beslut som ska ha fattats, som dock enbart sällan finns att tillgå.

Allt ordnar sig, eller?!

Ordning, struktur och därmed även tydlighet drar sig som en röd tråd genom hela den tyska affärskulturen. Det avser organisationsstruktur, informationshantering, beslutsfattande och inte minst kommunikationen. I den konkurrensutsatta tyska affärsmiljön ligger fokus på den enskilde individens presterande. Marknaden är mindre förlåtande vid fel och det gäller att löpande legitimera sin roll och sin plats inom företaget. Därför försöker man i möjligaste mån att minimera risker, förbereder sig väl innan möten och ger allt i förhandlingar för att uppnå i förväg satta mål. När då tysken stöter på den svenska möteskulturen med fler deltagare, en pragmatisk och öppen ansats där allt diskuteras med alla och information flödar fritt, blir denne allt mer obekväm. En sådan situation är svår att kategorisera. När mötet sedan avslutas utan förvarning och öppna frågor anses "lösa sig" mirakulöst "under det kommande arbetets gång" är tysken helt förvirrad. Det verkar inte finnas någon fixerad struktur kvar. Och för tysken, i vars värld inget någonsin ordnar sig eller kan ordna sig av sig själv, blir situationen svår att mästra.

För att fånga in tysken igen och säkra ett framgångsrikt samarbete, kan det vara ett bra tips att avsluta möten strukturerat; summera det som diskuterats och sedan enats om under mötet. Ett beslutsprotokoll, inklusive ansvarsfördelning och deadlines, kan vara ett bra instrument.

En tysk chef strävar således efter att hitta den ultimata lösningen i en beslutsprocess och känner sig sedan säker på att detta rätta beslut som fattas uppifrån och sedan kommuniceras som ett bindande arbetsdirektiv nedåt inom organisationen övertygar just på grund av detta stringenta kommunikationsflöde. Här tvivlar däremot svenska ledare. Svenskar som under en tid har arbetat som chefer i Tyskland funderar efter återkomsten till Sverige länge över varför deras ständiga strävan efter att inbegripa och överenskomma med alla snarare betraktades negativt där. De ville ju bara göra som de var vana vid hemma i Sverige. Och är inte Tyskland nästan som hemma?

Men som tysk vill man gärna veta var man står, vad som gäller och var gränserna går. Beslut anses, som tidigare nämnt, vara definitiva och, eftersom den konkurrensutsatta affärsmiljön är mindre förlåtande, vill man i möjligaste mån undvika att fatta fel beslut. I det individualistiska Tyskland måste jag som person stå för mina kast och fel beslut kan innebära att jag tappar mitt ansikte. Just därför läggs det stor vikt på att belägga beslut med mycket objektiv fakta. Blir det ett problem, kan jag alltid hänvisa till denna neutrala information gentemot min chef eller affärspartner.

Det är ingen hemlighet att det ofta tar mycket tid att komma fram till accepterade lösningar i Sverige. Om inte varenda medlem i teamet är övertygad om att lösningen håller går det inte. Därför ska man inte bli förvånad om den nya tyska VD:n försöker att bryta invanda mönster med enväldigt grepp: ”Nu gör vi det här så. Punkt. Slut.” Ett tips är att inte ta det personligt. Formulera dina invändningar men insistera inte på att den tyska chefen ska inhämta samtycke av varenda medarbetare. Se det pragmatiskt: om beslutet är rätt kommer alla att profitera. Visar det sig vara felaktigt beter sig chefen nästa gång kanske mer ”svenskt” ...

Att lägga livets pussel

Tyskar skiljer tydligare mellan arbets- och privatliv och även samhällets sociala strukturer är väl definierade. Därmed ter sig även det tyska ”livspusslet” annorlunda än i Sverige. Det arbetas disciplinerat under de så kallade ”kärnarbetstiderna” och det kan som tysk kännas svårt att under denna tid lämna skrivbordet för att t.ex. ta en kopp kaffe med kollegorna. De svenska fikapauserna upplevs just som olegitimerade pauser i arbetet snarare än en viktig social del av arbetsbeskrivningen.

Dessutom minskar därmed behovet av och förståelsen för kreativa arbetsmodeller med mobilt arbetande och flexibla arbetstider i Tyskland. Man utgår ifrån att arbetsuppgifterna sköts på den formella arbetsplatsen och under vanlig arbetstid. Samtal från den svenska affärspartnern eller kollegan som uppenbart förs via mobilen vid sandlådan eller hemma från köksbordet kan upplevas som ett tecken på att man blivit nedprioriterad eller bemöts med mindre respekt från den svenska partnern. Detsamma gäller mail som når tysken vid ”okristliga tider” på sena kvällar eller under helgen. Innehållet i dessa riskerar att nedvärderas och kommunikationen ses dessutom ofta som ett tecken på dåligt time management.

Eftersom de olika tolkningarna kan ha betydande konsekvenser i samarbetet gäller det att vara uppmärksam och lyhörd kring dessa. Ha förståelse för att din nya tyska kollega eller chef har svårt för att ta en paus i arbetet. Det betyder inte att han eller hon inte ser dig eller inte värdesätter dig som person och som resurs. Förklara att en fika i Sverige inte är en paus utan en del i arbetet. Bjud officiellt in till ett deltagande och övertyga tysken om att det även pågår viktigt affärsrelaterat utbyte kollegor emellan under dessa mer avslappande mötesformer.

Ett annat bra tips i kommunikationen med tyska affärspartner och kollegor kan vara att visserligen förbereda mail på kvällar och helger om man så måste för att få ihop det egna livspusslet, men att skicka ut dem under arbetstid. Dessutom skulle just samtal med affärskontakter i Tyskland kunna läggas under tiden man vistas på kontoret och föras från den fasta telefonlinjen.

Tiga är silver, tala är guld

Något tillspetsat kan man säga att man i Tyskland anser att ett starkt påstående är bättre än ett svagt bevis. Den som inte har något att säga om allt och alla förlorar status. Därför har tyska chefer svårt för att medge när de inte har något svar. Eller att tillstå att en kollega eller medarbetare faktiskt kan en viss fråga bättre. Det får man inte avslöja utan vidare. Det bryter mot den grundläggande kulturella övertygelsen att människor på ett högre steg i karriärtrappan respektive högre upp i den hierarkiska organisationsstrukturen alltid vet och kan mer än människor längre ner.

Det är just därför varje tysk medarbetare är helt övertygad om att hans chef har en färdig lösning för vartenda problem. Gärna går han till dennes kontor för att fråga något eller be om hjälp. Kanhända att medarbetaren verkligen tvivlar på en uppgift. Men det kan också vara så att denna bara vill smickra sin chef. Somliga chefer tycker att det är helt storartat; det visar hur uppskattade och värdefulla deras råd är. Därför löser de medarbetarnas problem med största nöje. Vilket i sin tur leder till att medarbetarna stärks i tron att ha handlat helt och hållet rätt. Det är både logiskt och psykologiskt begripligt att de med nästa knepiga fråga åter vänder sig till chefen, då denna nu är så bra på att fatta beslut...

Även vad gäller feedback och återkoppling mellan chef och medarbetare är denna generellt mer begränsad än i Sverige. Den tyska chefens uppgift är den att i bakgrunden "hålla ställningarna" och ha kontroll över helheten. Så länge allt löper på som det ska behöver inga åtgärder vidtas, tycker den tyska chefen. Eftersom varje person inom organisationen har en tydligt definierad roll och dessutom genom sin prestation ständigt legitimerar denna, krävs enligt den tyska modellen inga löpande detaljavstämningar. Det skulle snarare symbolisera att den tyska chefen inte litar på att hans medarbetare mäktar med sin tilldelade roll eller uppgift.

Medan den svenska medarbetaren är van vid mycket feedback och positiv förstärkning i det löpande arbetet är den tyska chefen oftast ovetande om att detta kan krävas utav honom eller henne i en svensk arbetsmiljö. Då vi här även tangerar områden som personlig motivation och arbetsglädje finns risken att svensken inte känner sig sedd av chefen och efter ett tag blir frustrerad. Är man mindre motiverad är det mer troligt att arbetet inte alltid utförs lika bra, man presterar sämre eller det kanske rentav inträffar något fel. Och då står den tyska chefen, som hela tiden med ett vakande öga hade kontroll över situationen, omedelbart flåsandes i nacken på den svenska kollegan. Hur kan det komma sig, tänker då svensken, jag har gjort allt perfekt utan att chefen såg det och nu när det för en gångs skull går mindre bra, då står chefen här bredvid mig omedelbart...

Kanske kan detta beteendemönster bland annat även bero på att tyska affärsmän är mer problemfokuserade. Alla inom den tyska hierarkiska organisationsstrukturen har tydligt tilldelade roller och uppgifterna fördelas genom direktiv. Så länge allt går enligt plan behöver inga åtgärder vidtas och kommunikationen kan minimeras. Men, eftersom den konkurrensutsatta tyska marknaden är mindre förlåtande, läggs mycket tid och energi på att hitta vems fel det varit när något går mindre bra. Och denna diskussion förs inte sällan inför en hel grupp kollegor eller teamet. Åter igen – perspektivet är mer individualistiskt i Tyskland och för att säkerställa en positiv framtid för organisationen som helhet är det accepterat att "offra" den enskilde.

Det viktigaste i detta sammanhang är att inte ta det personligt. Kom ihåg att tysken noga skiljer mellan arbets- och privatliv och enbart syftar till det aktuella arbetsrelaterade problemet. Låt situationen utageras och påpeka gärna efteråt var skillnaden ligger gentemot den svenska önskan om en hög grad av feedback, återkoppling och positiv förstärkning samt dess koppling till personlig motivation och arbetsmoral.

Inget möte utan tydligt mål och resultat

Antalet möten är mer begränsat i Tyskland och har tyskar ordnat ett möte finns ofta en strukturerad dagordning som kommuniceras i förväg. Möten har tydliga syften och ska generera konkreta resultat som gärna fixeras i form av ett beslutsprotokoll. Man uppskattar när situationer kan ses antingen svart eller vitt, kompromisser är ytterst impopulära. På interna möten inom den egna organisationen diskuteras i motsats till svenska förhållanden beslut sällan utförligt. Snarare meddelas dem för de närvarande medarbetarna. Ber man ändå om åsikter handlar det ofta om att mer ingående testa beslut som redan fattats tidigare. Är alla med på noterna? Eller får man räkna med motstånd? Och varifrån skulle motståndet tänkas komma?

I Sverige är det inte ovanligt att det under ett möte inte sägs något under en tid. Hjärnorna går då nämligen på högvarv. För en tysk är pauser som dessa ofta kusliga: varför säger de inget? Anledningen till dennes undran är att tigandet i Tyskland ofta tolkas som okunskap (se kunskap och makt). Eller som medgivande om att saken är mer invecklad än man trodde och därför kräver längre tid av eftertanke. Vilket dock gärna också tolkas som ett svaghetstecken. Tyska medarbetare tror ofta att det är chefernas uppgift att veta och kunna mycket mer än de själva. Bakom en chef som inte högljutt uttrycker sina åsikter och idéer eller som ställer många frågor om arbets- eller affärsprocessen ler man kanske. Varför vet han eller hon inte det? Som chef måste man väl kunna det.

Att förhandla med tyskar

Det starkaste argumentet som en öppen tysk eller svensk affärsman kan föra fram under en förhandling är vikten av det gemensamma intresset. Precis som svenskarna lägger också de flesta tyskarna stort värde på långsiktiga samarbeten och win-win-lösningar. Visserligen är sättet att komma fram till ett tillfredsställande resultat rätt så olika, men i båda länder vet man att det till sist bara räknas vad som står under strecket.

Frågan är: under vems streck?

Inför förhandlingen funderar den tyske affärsmannen mycket noga vad han vill uppnå och vilka eftergifter han kan göra. Han är mycket väl förberedd och styr sedan konsekvent mot målet. Eftersom tyskar på grund av sin kulturella prägling och det konkurrensintensiva samhället är mycket djupare förankrade i tävlingstänkandet än svenskar, förhandlar de ofta avsevärt hårdare, direktare, mer krävande. Många är fortfarande övertygade om – eller har fått order av sina chefer – att absolut behöva återvända hem med "segern", eller i alla fall ett konkret resultat av ett affärsmöte. Förhandlingar med tyskar uppvisar därför ofta drag av en strid och kompromisser anses inte vara positiva.

Det gäller i synnerhet då den tyske parten tror sig äga en överlägsen tävlingsposition. Om det objektivt är så kan den svagare förhandlingsparten för det mesta bara välja mellan att gå med på villkoren eller att ge upp. Han måste bestämma sig. Det är föga lovande att övertyga den andra parten om fördelen med en win-win-situation när denna är helt inriktad på en absolut seger. Enda chansen består i att kraftfullt betona den egna prestationen och få den att framstå ännu värdefullare än den är.

Förbered dig väl och samla på dig samtliga relevanta argument. Uppträd självsäkert; en anspråkslös, ödmjuk framtoning leder ingenvart. Men att möta styrka med styrka avkräver en tysk affärsman respekt.

Varje kontakt utgår från ett organisationsschema

Det råder ordning inom ett tyskt företag. I regel skissar man strukturen med hjälp av ett organisationsschema ("Organigramm") så att varje medarbetare blir medveten om sin position över, under eller vid sidan av alla andra. Och för att alla utomstående ska kunna veta vem de ska vända sig till.

Vill man göra affärer med ett tyskt företag studerar man därför till att börja med detta schema för att se vem som är ansvarig för det aktuella ärendet. "Jaså, kallt valsat stål sköts av Frank Meier." Ta då sedan först reda på om Frank Meier har en assistent eller sekreterare. Kontakta i första hand denna. Som chef vill man ha kontroll över kommunikation utifrån och lägger genom sitt "Vorzimmer" (förrummet till det egna kontoret som är synonymt med assistenten eller sekreteraren) gärna ett filter för vilka kontakter man tar själv, vilka som bearbetas av assistenten eller vilka som delegeras vidare inom organisationen. Tänk på att bästa kommunikationssättet fortfarande är det skrivna ordet. Ett telefonsamtal är inte att rekommendera vid första kontakttagandet.

Därför: den som vill erbjuda varor eller tjänster i Tyskland måste övertydligt framhäva alla fördelar och skillnader i jämförelse med konkurrerande produkter eller tjänster. Utifrån sin egen tradition agerar svenskar ofta alltför defensivt. "Vad önskar ni", frågar den potentiella tyska affärspartnern vänligt. "Jag har en produkt här som vi tror kan vara ganska bra", svarar den ödmjuke svensken. Med nästa mening, som är kutym i Sverige, skjuter han sig i Tyskland dock själv i foten: "Vi vet förstås att det även finns andra alternativa lösningar på marknaden som säkert är mycket bra. Men vi vill gärna att ni tar en titt på vår produkt också."

Tysken med sitt vältränade tävlingstänkande har nu blivit ytterst förvirrad. Varför säger han så? Vill han kanske inte sälja något? Möjligtvis frågar han efter några detaljer. Hur säker är produkten? Uppfyller den EU-normerna? Hur hög är CO2-emissionen? Vad visar fältets riskanalys? Kan jag få se SWOT-analysen? ”Här är jag lite osäker”, säger den grundärliga svensken. ”Men jag kan fråga mina kolleger och återkommer sedan.” Då tänker tysken upprörd (fast naturligtvis utan att säga det): ”Vad är nu det här? Varför har han inte gjort sin läxa?” Och affärsmannen från Malmö förvånas över att samtalet mycket snart tar slut.

Tilltal och kommunikationssätt

Tyskar lägger stor vikt vid det rätta tilltalet, både muntligt och skriftligt. Även här finns det tydliga regler som bör beaktas. Generellt gäller ”Sie”-tilltalet som visualiserar en professionell och respektfull distans. Undvik att erbjuda din tyska affärskontakt eller kollega ”Du”-et för tidigt. Regeln är, både inom affärslivet och i privata sammanhang, att den som står högre upp i hierarkin erbjuder ”Du”-tilltalet för den som står längre ner. Tänk även på att formella titlar som ”Doktor” eller ”Professor Doktor” är del av den personliga identiteten och hör till namnet. Tilltalet omfattar därför även titlar.

Var uppmärksam vem du är ”per Du” och vem du är ”per Sie” med. Det anses mycket oartigt och respektlöst att hoppa mellan de båda tilltalsformerna. Däremot kan det vara önskvärt att tilltala en kollega som man är ”per Du” med i ett sammanhang där dennes chef medverkar eller inom ett större offentligt forum temporärt med den formella titeln och ”Sie”-formen.

Den hierarkiska, individualistiska tysken är dessutom van vid en tydlig, direkt kommunikation. Mjuka formuleringar, konjunktivformer och ord som ”kanske”, ”eventuellt”, ”möjligtvis” förekommer sällan i det tyska språkbruket. Särskilt inte inom affärssammanhang. Det tyska sättet att strida sig igenom affärsmöten och förhandlingar märks även i ordval och intonation. När svensken lägger vikt vid att hitta konsensus och kompromisser vill tysken kämpa för en seger.

Här finns även en risk med att använda sig av ett förment neutralt språk som engelskan. Vi tror att vi pratar samma språk, men i verkligheten fyller vi samma engelska begrepp med olika värderingar och tolkningar som baserar på de svenska respektive tyska orden. Var uppmärksam kring detta språkliga filter och återkoppla löpande under mötet för att säkerställa att ditt budskap har nått din tyske samtalspartner på rätt sätt och tvärtom.

Förresten: att sälja är chefssak i Tyskland. Du behöver inte nödvändigtvis ta med dig kunniga medarbetare som är djupt insatta i produktens alla fördelar. Hellre en laptop eller en portfölj som är fylld till bredden med fakta och kompletterande produktprover. Din samtalspartner väntar sig att du även kan detaljerna. Annars undrar han: "Här sitter själva VD:n och kan inte ens svara på frågorna. Vad är det för företag?" (För kom ihåg: i det hierarkiska Tyskland kan de högre upp inom organisationen per definition alltid mer än de längre ner.) Skulle det verkligen finnas något du inte vet, ring hem och be dem skicka de uppgifter som saknas.

Tiga är också guld ibland

Här återkommer vi till den svenska tystlåtenheten. Under en förhandling blir tyskar ofta förvirrade när samtalspartnern slutar tala under en längre tid. Möjligtvis har affärsmannen från Hamburg efter tuff argumentering fram och tillbaka precis lagt sitt sista bud på bordet och frågat: "Kan du gå med på det?" Svensken funderar då ungefär så här: "Om det verkligen är hans sista ord måste jag överväga det väl." Och så tänker han efter. Tiden går. Ingen säger något. Tysken känner sig alltmer obekväm. Har han möjligen gått för långt? Det vore dåligt, eftersom hans chef väntar sig att han tar hem affären. Han blir mer och mer nervös och avbryter slutligen tystnaden trevande: "Kanske kan vi ju räkna på det än en gång ..."

Tumregel: When in Rome, do as the Romans do...

Det finns inget rätt eller fel, ingen generell värdering i interkulturella sammanhang. I den tyska kontexten är det tyska tillvägagångssättet den enda lösningen som kommer att fungera – eftersom var och en förväntar sig det. Och i Sverige är det det svenska sättet som gäller – eftersom var och en förväntar sig det. Kulturen omfattar våra värderingar, inställningar, normer, moral och beteendemönster som skapats av både det samhälle och den familj vi växt upp inom. Därmed blir kulturen djupt förankrad i ryggraden – vi agerar instinktivt och reflexartat och är framförallt oftast omedvetna om det.

Det krävs fingertoppskänsla, en mängd interkulturell kunskap och förståelse för den andres behov för att kunna röra sig i det främmande landet lika smidigt och framgångsrikt som hemma. Samtidigt är redan självaste insikten om att skillnader mellan kulturer finns och den värderingsfria acceptansen för de därav betingade olika beteendemönstren en dörröppnare för bättre affärer med utländska partner. Det gäller att vara öppen för olikheter, inte okritiskt anpassa sig till dem. I synnerhet i svensk-tyska samarbeten kan vi ofta konstatera att det blir mycket lyckosamt när "typiskt svenska" och "typiskt tyska" egenskaper kombineras och dessa leder till fruktsamma synergier. Det är inte minst det stora handelsutbytet och antalet bilaterala samarbeten ett bevis på.

Viel Erfolg i Tyskland!

Klädstil

Eftersom tyskar uppskattar tydliga regler, älskar symbolik och är snabba på att kategorisera är det även viktigt att ta hänsyn till omedvetna signaler som t.ex. kan utgå från klädvalet. Klädordningen kan självfallet variera inom olika branscher och företag men är bindande inom varje enskild mikrokosmos. Försök att i förväg inhämta information eller analysera snabbt vid första kontakten med företaget vad som gäller. Generellt är det smart att hellre vara lite för formellt klädd än att riskera att vara under dressed. Oftast gäller under affärsmötet eller arbetstiden på kontoret fortfarande kostym, blus respektive skjorta och för männen slips. Tänk på att ha kavajen knäppt i början på mötet. När motparten lättar på slips eller kavaj är det även fritt fram för dig. Däremot kan klädstilen lätt bli mer informell under middagen som följer på kvällen. När man som svensk kan känna för att klä upp sig agerar tysken precis på motsatt sätt.

Att undvika klavertramp i Tyskland
Do's och Don'ts i Tyskland

Det här gillar din tyska affärspartner ...

- Svenskarna är omtyckta i Tyskland men anses vara lite kaotiska och blåögda. Därför bör du agera planerat och strukturerat. Visa tydligt din kompetens.
- Kommunicera tydligt, rakt och bestämt – undvik svenska "luddiga" formuleringar, prata inte i konjunktiv och minska på ord som "kanske", "eventuellt", "möjligtvis" etc.
- Gå till mötet med ett klart definierat mål som du formulerar gentemot din affärspartner. Kontrollera till slut om det har uppnåtts eller vad som mer behöver göras (beprövade instrument: agenda och beslutsprotokoll inklusive to-do's, ansvarsområden och deadlines).
- Tyskar värdesätter ett korrekt tilltal, både muntligt och skriftligt: Herr Müller, Frau Doktor Meier, Herr Professor Schulze. Tilltalet "Fräulein" för ogifta kvinnor förekommer dock inte längre.
- Tänk på hierarkin. I Tyskland är det chefen som bestämmer vad som ska göras. Gränserna för medarbetarnas befogenhet att fatta beslut fastställs av överordnade. De kan vara generösa eller snäva. Ta reda på det innan du betraktar en medarbetares uttalande som bindande. Tänk även på att definiera rätt kontaktperson inom det tyska företaget.
- Var absolut punktlig. Om du börjar inse att du inte kommer att kunna hålla en överenskommen tid för samtal eller leverans, informera din affärspartner så fort som möjligt.
- Underbygg alltid din argumentering med siffror, data, fakta. Man litar mer på statistik än på magkänsla eller erfarenhet.

- Mötet slutar med en bindande överenskommelse om det fortsatta tillvägagångssättet. Formulera den tydligt, håll dig till den – och din tyska affärspartner kommer att vara nöjd.
- Säg klart och tydligt till dina tyska medarbetare vad du väntar dig av dem och vad de ska göra. De vill vara säkra på att ha förstått dig rätt, och de vill veta var gränserna för deras ansvar ligger.

Och det här bör du undvika i Tyskland ...

- Tala inte med en bayrare som med en nordtysk. Kulturellt sett är det federala Tyskland inte alls lika homogent som Sverige. Tänk på de regionala egenheterna vad gäller historisk bakgrund, dialekt, värderingar och beteende.
- Gå aldrig oförberedd till ett kundmöte eller ett internt möte med en tysk. Förbered dig noggrant på alla möjliga detaljfrågor. Säg aldrig: "Det vet jag inte." På sin höjd: "Den informationen kan jag leverera tills på ..."
- Överväg noga vilken information du lämnar till vem och när så att denna tolkas rätt av din tyska affärspartner eller kollega. Kunskap är makt i Tyskland och information lämnas inte ut hur som helst.
- Även om du tycker att det är svårt: föreslå inte själv att säga du. Normalt sett är det den äldre som föreslår det för den yngre, kunden för leverantören, den som står högre i hierarkin för den som står lägre. "Sie"-tilltalet, som visualiserar en professionell, respektfull distans, kan dessutom ge dig en taktiskt bättre situation i det initiala affärspartnerskapet.
- Tysken känner sig obekväm och blir osäker och irriterad om du ändrar ett fattat beslut. Dessa är för tysken bindande överenskommelser. Tänk därför igenom ditt beslut noga innan du fattar det och undvik att ändra kommunicerade beslut.
- Känslor är inga argument. Om du arbetar för en tysk chef ska du underbygga dina förslag och beslut med sakliga fakta, helst med kontrollerbara siffror.

- Se till att dina önskemål gentemot dina tyska medarbetare inte alltför ofta låter just som en önskan. De väntar sig klara besked av sin chef om vad de ska göra och inte göra.
- Ta det inte personligt när en kund eller chef tvivlar på det du säger. Tyskar värdesätter kontroll och säkerhet. Det bästa är kanske att du även direkt själv levererar faktakontrollen eller en andra åsikt.
- Tala inte alltför öppet med dina tyska kolleger och medarbetare om ditt privatliv, i varje fall inte innan ni har lärt känna varandra lite bättre. Gränserna mellan arbets- och privatlivet är mycket tydligare dragna i Tyskland.